吃出易瘦体质

梅森杯沙拉

〔日〕金丸绘里加　著　　周小燕　译

可以吃到超多蔬菜，外形可爱，热量低！本书教你用梅森杯制作易瘦沙拉。为想塑造易瘦体质的读者，提供了丰富的菜谱。

河北科学技术出版社

CONTENTS

Introduction

PART 1 试行1周！塑造易瘦体质的梅森杯沙拉

PART 2 食材不同！塑造易瘦体质的梅森杯沙拉

[蔬菜]

[肉、海鲜]

[米饭、面包、意大利面、米粉]

[水果]

→ PART 3 需求不同！塑造易瘦体质的梅森杯沙拉

Column

★材料表中标注的分量，1大匙=15mL，1小匙=5mL。
★微波炉和烤箱的加热时间要酌情而定（烤箱的加热时间从预热开始算起）。品牌和机器不同，温度也有所不同，要边观察状态边调整温度。
★梅森杯要完全擦干后再用，用干净的筷子装入食材。
★保存食材要酌情而定。保存方法，冰箱、冰柜的开关频率并不相同，要常观察保存状态。夏季要尽快食用。

食用梅森杯沙拉 塑造易瘦体质

5大要点

用可爱的瓶子（梅森杯）制作，超受欢迎的沙拉。
本书介绍了可以享用超多蔬菜、低热量的沙拉，非常适合瘦身期食用。
下面介绍无须勉强、无须费力就能塑造易瘦体质的5个要点。

POINT 1 附带标注热量！

所有菜谱皆在2090kJ之下

用梅森杯制作的沙拉，含有大量蔬菜，看着非常健康，但不同食材和调味汁的组合，热量也可能会很高！本书介绍的菜谱全部都在2090kJ之下。可以提前确认一下热量。另外，肉和海鲜（P44）含有蛋白质，再加上主食（P36），将食材组合放入一个梅森杯中，营养足够丰富。

每款沙拉的分量都很重，可以代替正餐食用。还有836kJ以下的超低热量的菜谱，所以可以根据不同目的和时间选择合适的菜谱。

POINT 2 一个梅森杯就够啦！

容易形成习惯

使用同一尺寸的梅森杯制作沙拉，既可以避免吃太多，也能养成营养丰富、自然健康的用餐习惯。找到一个自己心仪的梅森杯，用喜欢的蔬菜和调味汁制作成沙拉食用吧。

[保存期限] 冷藏2～3日

本书的沙拉，都标注了适宜的保存期限。保存期限较长的，可以提前做好冷藏备用。

本书主要使用的是480mL和500mL的梅森杯。口径较大的梅森杯容易放入食材，较高的在直接食用沙拉时十分方便。不必据泥于玻璃杯，设计感强的高罐子或者古董罐也可用于装沙拉，只要密封性好就可以。

POINT

3 只需挑战1周！附带试行菜谱

Monday	Tuesday	Wednesday	Thursday	Friday	Saturday	Sunday
[illegible]	[illegible]	[illegible]	[illegible]	[illegible]	[illegible]	[illegible]
1158kJ	1404kJ	1814kJ	1568kJ	1638kJ	1668kJ	1576kJ
[illegible]	[illegible]	[illegible]	[illegible]	[illegible]	[illegible]	[illegible]
→ 12	→ 14	→ 16	→ 18	→ 20	→ 22	→ 23

对没有自信能每天制作沙拉的人，建议首先只挑战1周。PART1介绍的1周试行纪实（P10），既标注了热量，又标注了味道和塑造易瘦体质的要点。这里的沙拉可以替换早、中、晚的任何一餐。

POINT

4 不同食材！对应不同需求！收录精选65个菜谱

不仅介绍了1周试行菜谱（P10），在PART2中还介绍了不同食材的菜谱（P27）。在PART3中，从美肤、抗衰老、祛寒、舒缓压力、解除疲劳5个方面分类介绍，你可以选择适合自己健康状况的沙拉（P55）。也介绍了低热量的调味汁（P26、P42），可以选择自己喜欢的来调味。

肉类菜谱
（P44）

抗衰老菜谱
（P60）

甜点
（P76）

各式梅森杯沙拉，每天吃都吃不厌。想吃甜点时，还可以用梅森杯制作甜点。有时无需忍耐，慢慢形成易瘦体质。

POINT

5 外形可爱！又好看！做法简单

做法简单方便，是梅森杯沙拉最大的魅力。只需将提前准备的食材依次放入，制作就不会失败。基础做法介绍在第6页，可以参考一下。

☑ 提前准备

方盘内摆有蔬菜和配料的图片，切法一目了然。

☑ 装法

只需将提前准备的材料分层装入！

6个步骤完成！

梅森杯沙拉的基础装法

1 将调味汁倒入梅森杯内

首先倒入调味汁。将调味料直接倒入梅森杯中，这样容易搅拌。将需要入味的食材装在最下面。

2 装入不易出水的蔬菜和需要入味的食材

选择不易出水的蔬菜接触调味汁，这样味道不会变淡，能保持美味。先放入紫洋葱这种入味才更好吃的食材。

3 继续装入蔬菜

分层装入。避免同色系的蔬菜重叠，这样沙拉的颜色非常漂亮。

[使用梅森杯时的注意事项]

图片中是BALL公司的梅森杯，广口瓶（480mL），双层玻璃罐。

瓶身

可以密封的玻璃保存瓶（口径约8.5cm、高约12cm）

内盖

大多是马口铁材质，注意容易生锈。瓶盖边缘较锐利，要多加注意。

外盖

瓶身盖上内盖，再盖上外盖，完全密封。

- 将梅森杯洗净用热水消毒，擦干后使用。
- 不要使用去污粉或研磨剂，用刷子轻轻洗净。
- 不要使用洗碗机或者微波炉。
- 避免强烈冲击和快速温度变化（加热或者冷却）。

明白梅森杯沙拉塑造易瘦体质的5个要点后，就开始做沙拉吧。
以嫩煎金枪鱼海鲜盖饭沙拉（P68）为例，介绍梅森杯沙拉的基础装法。

4

装入形成易瘦体质的食材

这里装入脂肪较少的赤身金枪鱼，增添蛋白质，使营养更丰富。

5

装入叶子蔬菜

叶子蔬菜接触调味汁后容易变蔫，所以要放在最上面，以保持新鲜。

6

完全密封

将盖子用力拧紧。使用带有内盖和外盖的双层玻璃罐（如前页），这样不会溢出汤汁。

[沙拉的3种食用方法]

梅森杯沙拉，大体分为3种食用方法。
根据不同蔬菜和配料的组合、梅森杯种类，选择合适的方法。

倒入盘中食用！

将难以混合的沙拉，或者调味汁浓稠的沙拉，倒入盘中食用。

可以直接食用！

边用筷子搅拌边食用。特别是不太高的梅森杯，筷子可以接触罐底。

将沙拉混合食用

检查盖子密封后，将梅森杯倒扣，让调味汁完全浸入沙拉，不时滚动晃动，让沙拉混合。将叶子蔬菜略微取出后再搅拌，更容易混合。

你是易瘦体质吗？推荐食用哪种沙拉？

健康状态自测

在制作梅森杯沙拉前，先检查自己目前的健康状态！

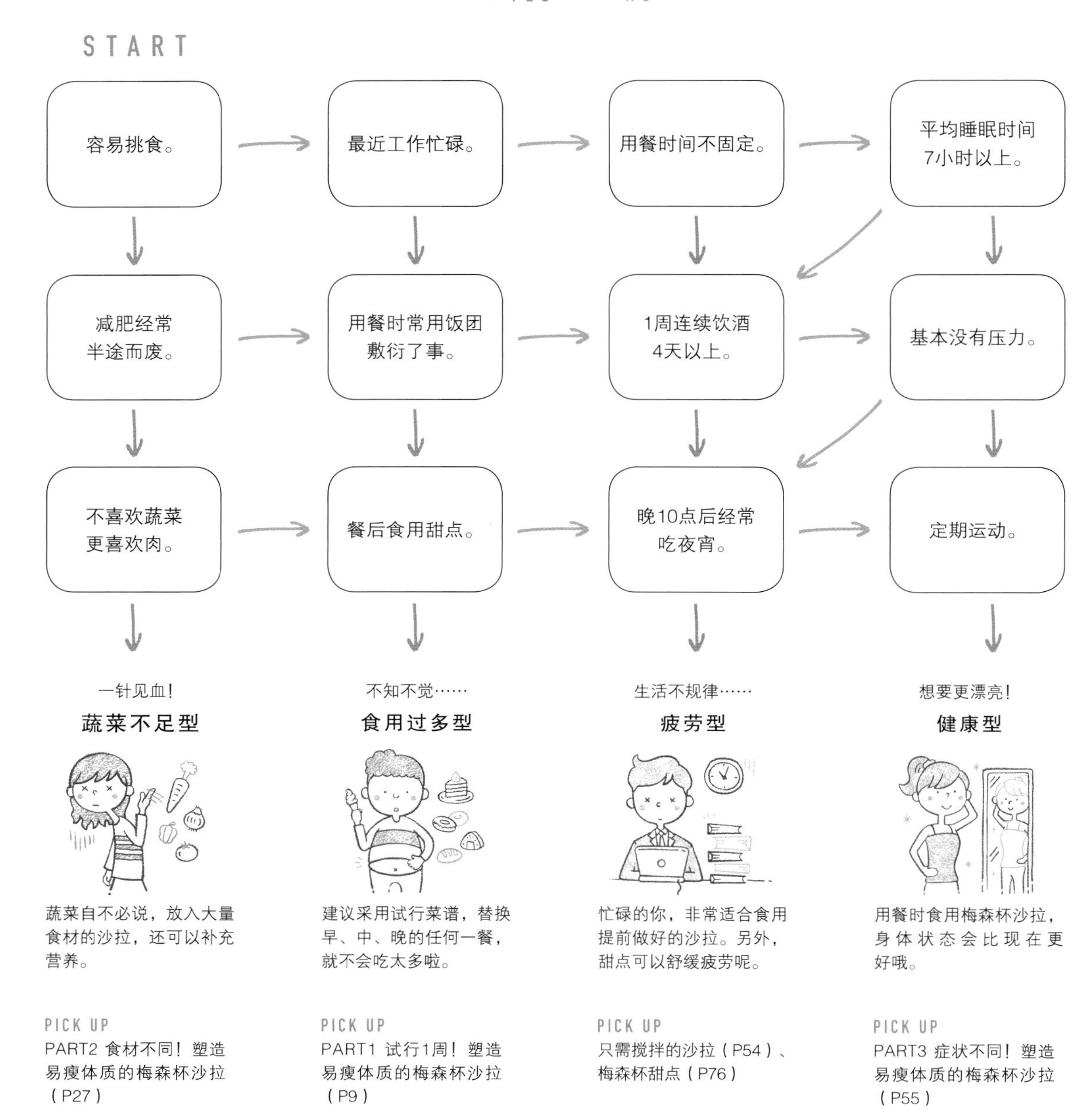

PART 1

试行1周！塑造易瘦体质的梅森杯沙拉

用梅森杯沙拉替换早、中、晚任何一餐，只需挑战1周！在PART1中，不仅有需要准备的材料图，还将装法以步骤图的形式一一呈现。按照试行纪实，轻松地开始吧。

1 week Calender

塑造易瘦体质！

1周
试行纪实

只需1周，将早、中、晚的任何一餐替换成梅森杯沙拉，稍加注意就能形成易瘦体质。当然，忙碌时也可以暂时停止。

Monday [星期一]	Tuesday [星期二]	Wednesday [星期三]
腌渍菌菇 茅屋奶酪沙拉	清淡 棒棒鸡沙拉	清脆 牛蒡沙拉
1158kJ	1404kJ	1814kJ
[口味] 使用腌渍菌菇， 清爽的沙拉。	[口味] 使用花生黄油， 味道浓郁。	[口味] 蜂蜜和生姜组合出 甜辣味道。
[塑造易瘦体质的要点] ☑ 使用低热量的菌菇。 ☑ 圣女果可以补充维生素。 ☑ 茅屋奶酪可以补充优质蛋白质。	[塑造易瘦体质的要点] ☑ 豆芽可以增加体积。 ☑ 海藻食品十分丰富！ ☑ 使用低热量的蒸鸡肉。	[塑造易瘦体质的要点] ☑ 膳食纤维丰富的牛蒡。 ☑ 燕麦的口感和营养价值很好。 ☑ 增添胡萝卜素丰富的茼蒿。
[做法] → 12 页	[做法] → 14 页	[做法] → 16 页

Thursday	Friday	Saturday	Sunday
[星期四]	[星期五]	[星期六]	[星期日]
酥脆炸鸡 椰子胡萝卜 调味汁沙拉	豆渣沙拉	鲜虾 塔塔酱沙拉	热蔬菜 香橙调味汁 沙拉
1568kJ	1638kJ	1668kJ	1576kJ
[口味] 利用蔬菜的香甜， 做出浓郁的味道。	[口味] 受欢迎的创新家常菜。 日式味道。	[口味] 味道浓郁厚重。	[口味] 利用水果的甜味和酸味， 做出清爽的味道。
[塑造易瘦体质的要点] ☑ 用胡萝卜制作，可以食用的调味汁。 ☑ 西蓝花和小芜菁可以增加体积。 ☑ 使用鸡皮经过煎制溢出脂肪的炸鸡。	[塑造易瘦体质的要点] ☑ 豆渣和味噌可以丰富味道。 ☑ 蔬菜增加甜味和咸味。 ☑ 绿叶蔬菜增加分量。	[塑造易瘦体质的要点] ☑ 低热量的塔塔酱。 ☑ 煮鸡蛋增加蛋白质。 ☑ 黄绿色蔬菜使营养更丰富。	[塑造易瘦体质的要点] ☑ 鹰嘴豆能丰富口感。 ☑ 胡萝卜素丰富的南瓜。 ☑ 低热量的菌菇。
[做法] → 18 页	[做法] → 20 页	[做法] → 22 页	[做法] → 23 页

Monday

[星期一]

腌渍菌菇
茅屋奶酪沙拉

将4种菌菇炒熟，腌渍，可以最大限度地突出鲜味。加入略酸的茅屋奶酪做出清爽的沙拉。提前做好的食材，可以塑造出易瘦体质。

1158 kJ

[保存期限] 冷藏3～4天

[材料] （480mL 梅森杯 1 个）

新鲜香菇、白蘑菇、蟹味菇、
灰树花（舞菇）…混合200g
洋葱薄片…40g
大蒜末…1瓣的量
红辣椒段…1/2个的量
白葡萄酒…2大匙
盐…1/3小匙
胡椒粉…少量
百里香…适量
柠檬汁…2大匙
橄榄油…2小匙
圣女果…大号3个（60g）
茅屋奶酪…50g
熏牛肉…35g
嫩菜叶…10g

[提前准备]

Ⓐ将香菇去茎，和白蘑菇一起切薄片，蟹味菇和灰树花撕成小瓣。平底锅内放入橄榄油、洋葱和蒜末，中火加热，炒出香味，放入菌菇和红辣椒，大火炒熟。加入白葡萄酒，撒入盐、胡椒粉、百里香，盖上锅盖，中火蒸3～4分钟，关火倒入柠檬汁搅拌。
Ⓑ圣女果去蒂，切成4等份。
Ⓒ奶酪备用。
ⒹⒺ熏牛肉、嫩菜叶备用。

[装法]

1

梅森杯内装入Ⓐ。

要点

腌渍低热量的菌菇。

2

装入Ⓑ。

要点

纯红的圣女果增添维生素！

3

装入Ⓒ。

要点

奶酪含有大量优质蛋白质。

4

装入Ⓓ，放上Ⓔ，盖上盖子。

要点

肉和蔬菜增添分量感！

Tuesday

[星期二]

清爽棒棒鸡沙拉

胡萝卜、豆芽依次放入同一个锅内煮熟，非常简单。
棒棒鸡酱汁味道浓郁，倒入盘中搅拌均匀即可。

1404 kJ

[保存期限] 冷藏2~3天

[材料]（500mL 梅森杯 1 个）

豆芽…80g
裙带菜（盐渍）…30g
凉粉…1袋（80g）
黄瓜…1/2根（50g）
胡萝卜…40g
青梗菜…小号1棵（80g）
　鸡胸肉（去皮）…1/3片（80g）
　盐…少量
　酒…1大匙
圣女果…3个
棒棒鸡酱汁…下述的全量

酱汁

棒棒鸡酱汁

[材料和做法]（1 人份）

花生黄油（有糖）2大匙，酱油2小匙，砂糖、醋各1小匙，辣油1/4~1/2小匙，蒜末1/2小匙，盐1/4小匙，以上材料全部放入碗内，搅拌到顺滑。

[提前准备]

Ⓐ豆芽用水焯过。
Ⓑ裙带菜用大量的水（分量外）泡发，清洗后沥干水，切成方便食用的大小。
Ⓒ凉粉放入水中浸泡一下，沥干水。
ⒹⒺ黄瓜切丝。胡萝卜削皮后切丝，用热水焯过，沥干水。
ⒻⒼ青梗菜纵向切成4等份，用热水焯过，将水拧干。鸡肉用盐揉搓，洒上酒放入锅内。倒入刚刚漫过鸡肉的水（分量外）点火加热，沸腾后转小火煮约15分钟，静置放凉，沥干水切粗段。
Ⓗ圣女果去蒂切成4等份。

[装法]

1

梅森杯内倒入酱汁，装入Ⓐ。

要点

豆芽增加体积。

2

依次装入ⒷⒸ。

要点

凉粉和裙带菜等海藻食品，非常适合瘦身。

3

依次装入ⒹⒺ。

要点

切法相同，口感更好。

4

装入ⒻⒼ，放上Ⓗ，盖上盖子。

要点

低热量的鸡肉增添分量。

Wednesday

[星期三]

清脆牛蒡沙拉

牛蒡和竹笋、藕混合，制成膳食纤维丰富的根菜沙拉。
燕麦的营养价值很高，口感和味道也很好。
调味汁内放入生姜，可以促进人体的新陈代谢！

1814 kJ

[保存期限] 冷藏3～4天

[材料] （480mL 梅森杯 1 个）

- 牛蒡…60g
- 胡萝卜…50g
- 猪肉片…50g
- 红辣椒段…1个的量
- 芝麻油…1/2小匙

糯米…40g
煮竹笋…50g
藕…100g
茼蒿…20g
蜂蜜生姜调味汁…下述的全量

调味酱

蜂蜜生姜调味汁

[材料和做法]（1 人份）

生姜末1小匙，醋2小匙，酱油1/2大匙，芝麻油1小匙，牡蛎汁1/2小匙，蜂蜜1～2小匙，以上材料全部放入碗内，搅拌均匀。

[提前准备]

Ⓐ将牛蒡洗净，胡萝卜削皮后斜着切薄片。平底锅内放入芝麻油和红辣椒中火加热，放入猪肉、牛蒡、胡萝卜炒熟。
Ⓑ锅内倒入大量热水煮沸，放入糯米，中火煮约15分钟，捞出轻轻洗净沥干水。
ⒸⒹ竹笋切成7～8mm厚的片。藕切成半圆片，用热水焯过。
Ⓔ茼蒿撕成方便食用的大小。

[装法]

1

梅森杯内倒入调味汁，装入Ⓐ。

要点

以膳食纤维丰富的牛蒡为主。

2

装入Ⓑ。

要点

糯米有饱腹感，口感也十分软糯。

3

依次装入ⒸⒹ。

要点

然后放入竹笋、藕，增添膳食纤维。

4

放上Ⓔ，盖上盖子。

要点

茼蒿十分适合搭配根菜，也能够补充胡萝卜素。

Thursday

[星期四]

酥脆炸鸡
椰子胡萝卜调味汁沙拉

用放入椰子油的调味汁将食材搅拌均匀。
可以倒入盘中食用，也可以用筷子搅拌后食用。
将嫩菜叶从盖子内取出搅拌，使其均匀混合。

1568
kJ

[保存期限] 冷藏3～4天

[材料] （500mL 梅森杯 1 个）

玉米笋（水煮）…4～5个
西蓝花…80g
小芜菁…1个（90g）
鸡腿肉…1/2片（100g）
盐、胡椒粉…各少量
嫩菜叶…20g
胡萝卜调味汁…下述的全量

调味酱

胡萝卜调味汁

[材料和做法]（方便制作的量 /2 人份）

胡萝卜1/4根削皮，和洋葱1/8个一起切碎，白葡萄酒醋汁、椰子油各1大匙，蜂蜜、芥末各1小匙，酱油1/2小匙，盐1/4小匙，以上材料全部放入食物料理机中，搅拌到顺滑。

★也可以将胡萝卜和洋葱磨末，将剩余的材料搅拌均匀。
★椰子油是从椰子果实的种子中提取的天然植物油。椰子油难以氧化，美容效果较好，因能量容易转化，很难长胖而备受瞩目。

[提前准备]

Ⓐ玉米笋沥干水，切两半。
ⒷⒸ西蓝花撕成小朵，小芜菁削皮后，切成花瓣状的6～8等份。炸鸡后的平底锅（提前准备Ⓓ）剩余的汤汁中倒入约100mL水煮沸，摆上西蓝花和小芜菁，盖上锅盖，煮2～3分钟，煮熟。
Ⓓ鸡肉撒上盐和胡椒粉。平底锅内不倒油，将鸡皮朝下放入，边按压边小火慢煎约5分钟。上色后翻面，再煎2～3分钟就熟了，用厨房纸擦去油分，切成1口大小。
Ⓔ嫩菜叶备用。

[装法]

1

梅森杯内倒入调味汁，装入Ⓐ。

要点

能吃到大量蔬菜的调味汁是关键。

2

依次装入ⒷⒸ。

要点

口感不同的蔬菜增加体积。

3

放上Ⓓ。

要点

鸡皮煎过后，多余的油脂溢出。

4

放上Ⓔ，盖上盖子。

要点

放上嫩菜叶。

Friday

[星期五]

豆渣沙拉

用大量豆渣做出梅森杯沙拉。
豆渣营养价值高，热量低，有饱腹感，非常适合瘦身。
建议作为常备沙拉。

1638 kJ

[保存期限] 冷藏3～4天

[材料]（480mL 梅森杯 1 个）

- 豆渣…100g
- 洋葱薄片…20g
- Ⓐ 清汤颗粒…1/3小匙
- Ⓐ 牛奶…3大匙
- 蛋黄酱（半脂型）…4小匙
- 原味酸奶…2大匙
- Ⓑ 味噌…1/2大匙
- 芥末…1小匙
- 盐、胡椒粉…各少量
- 胡萝卜…60g
- 黄瓜…1根（100g）
- 盐…少量
- 玉米（罐装）…50g
- 火腿…3片
- 绿叶…1片

[提前准备]

Ⓐ耐热容器内放入Ⓐ搅拌均匀，放入豆渣和洋葱，均匀混合。不盖保鲜膜，放入600W微波炉内加热约2分钟，取出后上下搅拌，继续加热2分钟后放凉。倒入混合好的Ⓑ搅拌均匀。

ⒷⒸ胡萝卜切成3cm长的细丝，用热水焯过后完全沥干水。黄瓜切薄片后用盐揉搓，变软后拧干水。

ⒹⒺ玉米沥干水后备用。火腿切丝。

Ⓕ绿叶撕成方便食用的大小。

[装法]

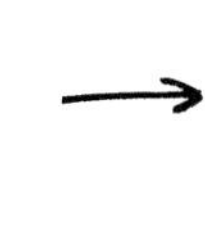

1

梅森杯内装入Ⓐ的一半。

要点

豆渣沙拉内放入味噌，丰富味道。

2

依次装入ⒷⒸ。

要点

放入常见的蔬菜。

3

装入剩余的Ⓐ，依次放入ⒹⒺ。

要点

玉米增加甜味，火腿增加咸味。

4

装入Ⓕ，盖上盖子。

要点

叶子增加体积。

Saturday

[星期六]

鲜虾塔塔酱沙拉

超受欢迎的鲜虾和牛油果混合的沙拉!
塔塔酱内加入酸奶降低了热量。
生菜口感清脆，非常适合做沙拉。

1668 kJ

Sunday

[星期日]

热蔬菜
香橙调味汁沙拉

将蔬菜煮熟，可以吃到更多。
浸入调味汁入味的鹰嘴豆是美味的关键。
装入梅森杯内完全混合食用，味道更好。

[鲜虾塔塔酱沙拉的做法]

[保存期限] 冷藏3～4天

[材料]（480mL 梅森杯 1 个）

煮鸡蛋…1个
芹菜…30g
牛油果（净重）…60g
番茄…1/2个（80g）
西蓝花…80g
生菜…1片
欧芹末…1大匙
鲜虾（带壳）…小号7只
香草盐（市售品）…少量
白葡萄酒…1大匙
橄榄油…1小匙
塔塔酱…下述的全量

酱汁

塔塔酱

[材料和做法]（1 人份）

蛋黄酱（半脂型）、原味酸奶（沥水）各1大匙，盐、胡椒粉各少量，洋葱切末20g，黄瓜泡菜（市售品）切末20g，芥末1小匙，以上材料全部放入碗内，搅拌均匀。

★酸奶，放入铺有厨房纸的滤网内静置20～30分钟，沥出水分。

[提前准备]

Ⓐ煮鸡蛋切成1口大小。

ⒷⒸ芹菜去掉筋络后斜着切薄片。牛油果去皮和核，切成1cm的小块。

ⒹⒺ番茄去蒂后切成1口大小。西蓝花撕成小朵后，用热水焯过沥干水。

Ⓕ生菜切碎，欧芹切末后均匀混合。

Ⓖ虾去壳后切开背部，去除虾线，撒上香草盐。平底锅内倒入橄榄油加热，洒入白葡萄酒炒熟。

[装法]

1

梅森杯内倒入酱汁，装入Ⓐ。

要点

煮鸡蛋增加蛋白质。

2

依次装入ⒷⒸ。

要点

芹菜的膳食纤维和牛油果的钾非常适合瘦身。

3

依次装入ⒹⒺ。

要点

黄绿色蔬菜可以丰富营养！

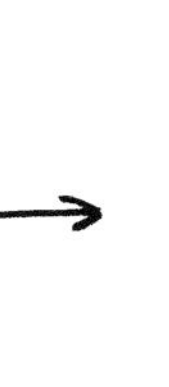

4

轻轻放上Ⓕ，再放上Ⓖ，盖上盖子。

要点

大量生菜和虾，增加分量感。

[热蔬菜香橙调味汁沙拉的做法]

[保存期限] 冷藏4～5天

[材料]（480mL 梅森杯 1 个）

鹰嘴豆（水煮）…60g
菜花…80g
西蓝花…100g
南瓜…80g
蟹味菇…1/2袋（50g）
橙子…1/2个
欧芹…适量
香橙调味汁…下述的全量

调味酱

香橙调味汁

[材料和做法]（1 人份）

橙子1/2个榨出果汁，白葡萄酒醋1大匙，蜂蜜1小匙，海带茶1/2小匙，橄榄油2小匙，以上材料全部放入碗内，搅拌均匀。

[提前准备]

Ⓐ鹰嘴豆沥干水。
ⒷⒸ菜花和西蓝花撕成小朵，用热水焯过，放入滤网内沥干水。
ⒹⒺ南瓜削皮后切成方便食用的大小。摆入耐热容器中淋上约2小匙水（分量外），轻轻盖上保鲜膜，放入600W微波炉加热约2分钟。蟹味菇去除根部撕成小瓣，用热水焯过放入滤网内。
Ⓕ橙子削皮后，从薄皮中取出果肉。
Ⓖ欧芹备用。

[装法]

1

梅森杯内倒入调味汁，装入Ⓐ。

要点

鹰嘴豆浸入调味汁入味后，味道更好。

2

依次放入ⒷⒸ。

要点

白绿相间非常漂亮。

3

依次放入ⒹⒺ。

要点

胡萝卜素丰富的南瓜和低热量的蘑菇非常适合做沙拉。

4

装上ⒻⒼ，盖上盖子。

要点

增添酸味，能够增进食欲。

COLUMN_1

大量蔬菜、水果！低热量调味汁1

调味汁旁标注的热量是1大匙的量。
也可以使用低热量调味汁（P42）！

葱味噌调味汁

100 kJ

[材料]（方便制作的量）

葱切末
味噌、甜酒、醋…各1大匙
味啉、芝麻油
…各1小匙

[做法]

碗内放入所有材料，搅拌均匀。

★适合猪肉沙拉、凉豆腐沙拉。

芝麻葱调味汁

109 kJ

[材料]（方便制作的量）

芝麻碎（白）…2小匙
葱末、醋、高汤…各1大匙
小鱼干…10g
酱油…1½大匙
味啉…2小匙
芝麻油…1/2大匙

[做法]

碗内放入所有材料，搅拌均匀。

★适合炸蔬菜沙拉、烤鱼沙拉。

蜂蜜柑橘调味汁

150 kJ

[材料]（方便制作的量）

橙子…2瓣

Ⓐ
西柚汁、白葡萄酒醋汁、
橄榄油…各2大匙
蜂蜜…3大匙
盐…1/2小匙
白胡椒粉…少量

[做法]

碗内放入Ⓐ搅拌，放入橙子果肉搅拌均匀。

★适合生吃海鲜沙拉、腌渍沙拉。

洋葱末咖喱调味汁

105 kJ

[材料]（方便制作的量）

洋葱碎…50g
咖喱粉、辣酱油、酱油…各1/2大匙
生姜末、砂糖…各1小匙
盐…1/4小匙
橄榄油、醋…各1大匙

[做法]

碗内放入所有材料，用搅拌机搅拌到顺滑。

★适合水煮海鲜沙拉、烤肉沙拉。

PART 2

食材不同！
塑造易瘦体质的梅森杯沙拉

本章介绍了除蔬菜外，还可以放入肉类、海鲜、水果、饭等主食的沙拉。放入蔬菜以外的食材，一个梅森杯就可以满足一餐饭所需的营养了。

Vegetables

Rice & Bread

Meat & Seafood

Pasta & Noodles

Fruits

Vegetables

[蔬菜]

除胡萝卜、西蓝花、番茄等营养价值高的黄绿色蔬菜外，
还有马铃薯、卷心菜、黄瓜等常见的蔬菜，
介绍了以蔬菜为主的沙拉。
每款沙拉都有益健康又有分量感！

1647 kJ

缎带蔬菜白酱沙拉

1150 kJ

翠绿沙拉

缎带蔬菜白酱沙拉

将各种颜色的蔬菜，
用削皮器削成缎带形状叠加起来，口感飙升！

[保存期限] 冷藏2～3天

[材料]（480mL 梅森杯 1 个）

马铃薯…120g
胡萝卜…50g
卷心菜…2片（100g）
西葫芦…40g
　白蟹味菇…1/2袋（50g）
　培根…1/2片
　粗粒胡椒粉…适量
温泉蛋（市售）…1个
白酱调味汁…下述的全量

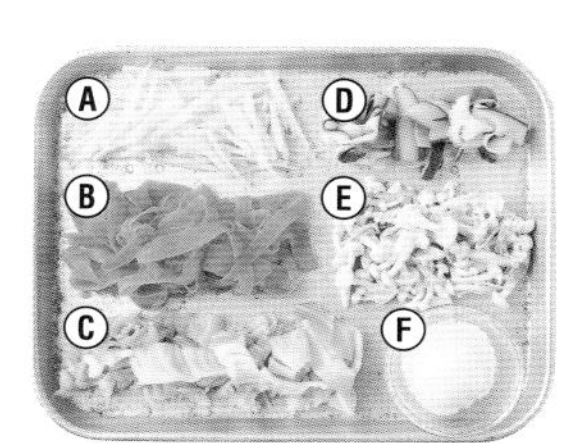

[提前准备]

Ⓐ马铃薯削皮后切丝，用热水焯过放入滤网内，沥干水。
ⒷⒸⒹ胡萝卜和西葫芦用削皮器削成缎带形状，将卷心菜切成1cm宽的细丝，各自用热水焯过，放入滤网内沥干水。
Ⓔ白蟹味菇去根撕成小瓣，和培根末、胡椒粉一起放入耐热容器，轻轻盖上保鲜膜，放入600W的微波炉加热40～50秒。
Ⓕ温泉蛋去壳备用。

[装法]

1 梅森杯内倒入调味汁，放入Ⓐ。

2 依次装入ⒷⒸⒹ，放上ⒺⒻ，盖上盖子。

调味酱

白酱调味汁

[材料和做法]（1 人份）

蛋黄酱（半脂型）2大匙，奶酪粉1大匙，牛奶2小匙，芥末1小匙，蒜末1/2小匙，清汤颗粒1/4小匙，以上材料全部放入碗内，搅拌均匀。

翠绿沙拉

绿色蔬菜搭配猕猴桃，
充满绿意生机的沙拉。

[保存期限] 冷藏3～4天

[材料]（480mL 梅森杯 1 个）

黄瓜…1/2根（50g）
猕猴桃…1个
西蓝花…80g
卡芒贝尔奶酪…30g
芦笋…50g
绿菜叶…1片
猕猴桃调味汁…下述的全量

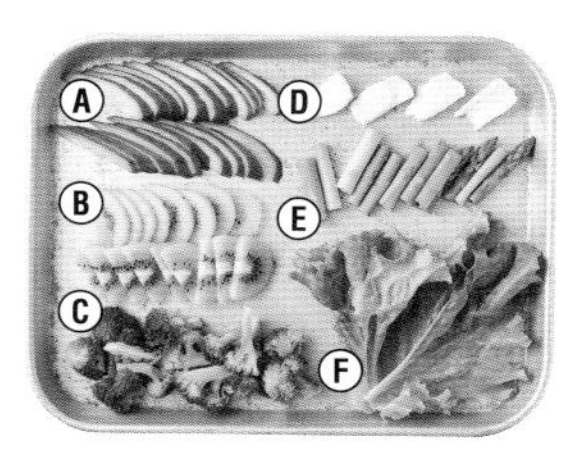

[提前准备]

Ⓐ黄瓜纵向切两半，斜着切薄片。
Ⓑ猕猴桃削皮后，切成薄薄的半圆片。
Ⓒ西蓝花撕成小瓣，用热水焯过沥干水。
Ⓓ卡芒贝尔奶酪切成4等份。
Ⓔ芦笋根部用削皮器削皮，切成2～3cm长的段，用热水焯过沥干水。
Ⓕ绿菜叶撕成方便食用的大小。

[装法]

1 梅森杯内倒入调味汁，放入Ⓐ。

2 依次装入ⒷⒸ，放上Ⓓ。

3 装入Ⓔ，放上Ⓕ，盖上盖子。

调味酱

猕猴桃调味汁

[材料和做法]（1 人份）

将猕猴桃1/2个削皮后切末，欧芹切末1大匙，芥末粒、橄榄油各1小匙，白葡萄酒醋1大匙，盐、胡椒粉各少量，以上材料全部放入碗内，搅拌均匀。

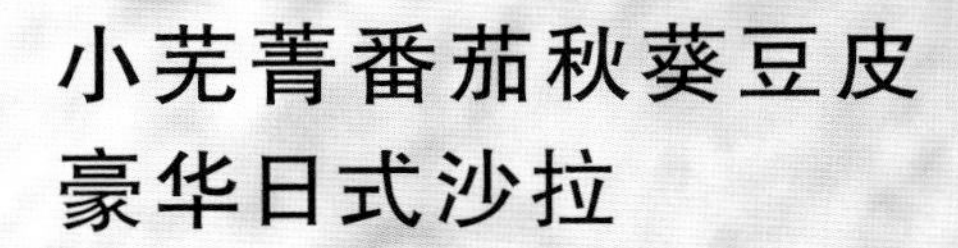

小芜菁番茄秋葵豆皮
豪华日式沙拉

柔软的小芜菁浸入日式调味汁入味。
将小鱼干炒出香味，是调味的关键。
蔬菜清爽适口。
这是一道味道清雅的日式沙拉。

890
kJ

[保存期限] 冷藏2～3天

[材料]（500mL 梅森杯 1 个）

洋葱…40g
小芜菁…1个
番茄…小号1个（120g）
秋葵…4根
水菜…20g
豆皮…20g
小鱼干…10g
日式调味汁…下述的全量

调味酱

日式调味汁

[材料和做法]（1 人份）

酱油1大匙，醋、热水各1/2大匙，砂糖1小匙，清汤颗粒1/4小匙，芝麻油1/2小匙，以上材料全部放入碗内，搅拌均匀。

[提前准备]

Ⓐ洋葱切薄片。
Ⓑ小芜菁削皮，略微留下茎部，切成8等份的瓣状，摆入耐热容器中，轻轻盖上保鲜膜，放入600W微波炉加热1分30秒。
Ⓒ番茄切成花瓣状的12等份。
Ⓓ将秋葵去除花萼，用热水焯过沥干水，斜着切小段。
Ⓔ水菜切成4～5cm长的段。
Ⓕ豆皮切成1口大小。
Ⓖ小鱼干放入平底锅内，炒至酥脆。

[装法]

1 梅森杯内倒入调味汁，放入Ⓐ。
2 依次装入ⒷⒸⒹ，放上Ⓔ。
3 依次放上ⒻⒼ，盖上盖子。

蔬菜沙拉塑造易瘦体质

推荐营养价值高的应季蔬菜！

应季蔬菜最好吃，味道自不必说，营养价值也非常高。选择蔬菜时，要注意当下的季节，能更有效地补充营养。

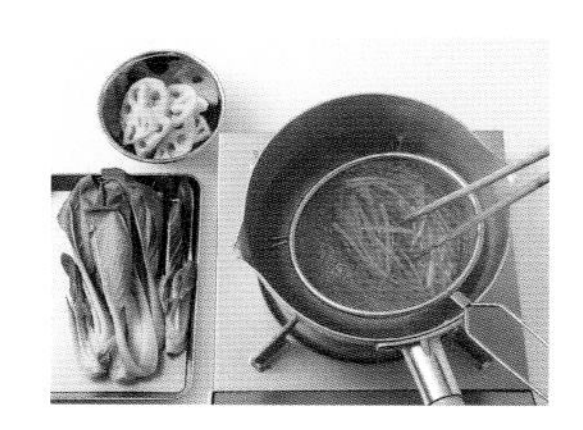

将蔬菜焯熟可以食用更多！

蔬菜焯熟后不占空间，同样的体积比生吃能吃得更多。各种蔬菜一起放入锅中难以煮出涩味，可以依次水煮。切成细丝的蔬菜，可以放入滤网中，连同滤网一起煮。

1116 kJ

蔬菜杂烩沙拉

煎烤后的蔬菜带有一丝甜味，
和用微波炉制作的番茄酱汁一起装入梅森杯。放凉后装入。

[保存期限] 冷藏4～5天

[装法]

1 梅森杯内倒入番茄酱汁，依次装入Ⓐ、Ⓑ、Ⓒ。

2 放上Ⓓ、Ⓔ，盖上盖子。

[材料]（500mL 梅森杯 1 个）

甜椒（红、黄）…各1/2个（各80g）
茄子…1根（80g）
西葫芦…80g
大蒜末…1瓣的量
盐、胡椒粉…各少量
橄榄油…1小匙
煮鸡蛋…1个
欧芹…适量
番茄酱汁…下述的全量

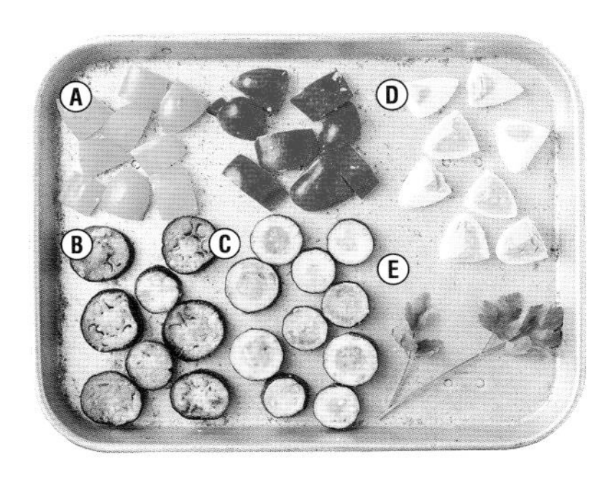

[提前准备]

ⒶⒷⒸ甜椒切成2cm的小块，将茄子和西葫芦切成1cm厚的圆片。平底锅内倒入橄榄油，放入蒜末，中火加热，摆上蔬菜煎到两面出现焦痕，撒上盐、胡椒粉盖上锅盖，关火焖2～3分钟。
Ⓓ煮鸡蛋切成1口大小。
Ⓔ欧芹备用。

酱汁

番茄酱汁

[材料和做法]（1人份）

将番茄（水煮罐装）100g捣碎，放入耐热容器内，放入洋葱末（1/6个的量），清汤颗粒1/2小匙，盐、胡椒粉各少量，搅拌均匀，轻轻盖上保鲜膜，放入600W微波炉加热2分钟。取出搅拌均匀，撕下保鲜膜继续加热3分钟，放入1大匙奶酪粉搅拌均匀。

698 kJ

干萝卜丝蒸茄子泰式沙拉

使用常见干菜的泰式风情沙拉。
干萝卜丝用鱼露调味汁腌渍入味，
和其他蔬菜一起变得美味。

[保存期限] 冷藏4～5天

[材料]（480mL 梅森杯 1 个）

干萝卜丝…20g
甜椒（黄）…1/2个（80g）
茄子…2根（160g）
四季豆…6根
小虾米…4g
香菜…1～2根
鱼露调味汁…下述的全量

[提前准备]

Ⓐ干萝卜丝用大量水泡发约10分钟，切成方便食用的大小，用热水焯过沥干水。
Ⓑ甜椒斜着切丝。
Ⓒ茄子去蒂后，每一根都用保鲜膜包裹，放入600W微波炉加热1分30秒至2分钟，连同保鲜膜一起浸入凉水中放凉，纵向切两半斜着切薄片。
Ⓓ四季豆用热水焯过，切成2～3等份。
Ⓔ小虾米备用。
Ⓕ香菜切成方便食用的大小。

调味酱

鱼露调味汁

[材料和做法]（1人份）

鱼露1大匙，砂糖1小匙，柠檬汁1½大匙，红辣椒段1根，以上材料全部放入碗内，搅拌均匀。

[装法]

1 梅森杯内倒入调味汁，放入Ⓐ。
2 依次装入ⒷⒸⒹ。
3 装入Ⓔ，放上Ⓕ，盖上盖子。

1827 kJ

豆豆沙拉

煮到柔软的兵豆和用黄油炒制的豌豆，
再加上胡萝卜和芹菜，
就构成了这道富含膳食纤维，营养又健康的豆类沙拉。

[保存期限] 冷藏4～5天

[装法]

1 梅森杯内倒入调味汁，装入Ⓐ。

2 依次装入ⒷⒸⒹ。

3 放上Ⓔ，盖上盖子。

[材料]（480mL 梅森杯 1 个）

兵豆…50g
水…400mL
高汤块（清汤）…1/2块
胡萝卜…60g
豌豆（冷冻）…70g
黄油…5g
芹菜…50g
莳萝…适量
洋葱调味汁…下述的全量

[提前准备]

Ⓐ将兵豆和水、高汤块放入锅中，中火煮约20分钟，煮到柔软，放入滤网内沥干水。
Ⓑ胡萝卜削皮后切细丝，放入滤网内，煮四季豆期间一起煮熟取出，沥干水。
Ⓒ平底锅内放入黄油，再放入豌豆，中火炒约5分钟。
Ⓓ芹菜去除筋络，斜着切薄片。
Ⓔ莳萝备用。

调味酱

洋葱调味汁

[材料和做法]（1 人份）

洋葱末1大匙，橄榄油1/2大匙，白葡萄酒醋1½大匙，芥末1大匙，蜂蜜1/2大匙，盐、胡椒粉各少量，以上材料全部放入碗内，搅拌均匀。

[材料]（480mL 梅森杯 1 个）

黄瓜…100g
黄豆芽…100g
金枪鱼罐头（水煮）…小号1罐（70g）
魔芋…50g
辣白菜…40g
水菜…40g
海苔…2～3片
韩式调味汁…下述的全量

[提前准备]

Ⓐ黄瓜切细丝。
Ⓑ黄豆芽用热水焯过，放入滤网内完全沥干水。
Ⓒ金枪鱼沥干汤汁。
Ⓓ魔芋洗净完全沥干水，切成方便食用的大小，和辣白菜碎混合。
Ⓔ将水菜切成4～5cm长的段。
Ⓕ海苔备用。

调味酱

韩式调味汁

[材料和做法]（1人份）

醋1大匙，蒜末1/2小匙，芝麻碎（白）2小匙，苦椒酱1大匙，砂糖1小匙，芝麻油1小匙，以上材料全部放入碗内，搅拌均匀。

1225 kJ

魔芋辣白菜韩式沙拉

魔芋和辣白菜一起搅拌均匀，会更加入味。
浸过调味汁的黄瓜，正适合搭配豆芽和金枪鱼。
食用时搅拌均匀即可。

[保存期限] 冷藏4～5天

[装法]

1 梅森杯内倒入调味汁，装入Ⓐ。
2 依次装入ⒷⒸⒹ。
3 放上Ⓔ，将Ⓕ撕碎放上，盖上盖子。

Rice, Bread & Noodle

[米饭、面包、意大利面、米粉]

虽然可以一次吃这么多沙拉，但全部食物的热量仍在2090kJ之下！
下面介绍添加主食的有饱腹感的沙拉。
米饭和面包自不必说，意大利面和米粉也请常备一些，更加方便。

2073 kJ

乌贼米饭沙拉

寿司饭内放入橄榄油，
口感就不会发黏，而是变得粒粒分明了。
可以用汤匙直接食用，
但推荐倒入盘内搅拌均匀后再吃。

[保存期限] 冷藏1～2天

[材料]（480mL 梅森杯 1 个）

乌贼肉…下述的全量
牛油果（净重）…50g
番茄…小号1个（120g）
米饭…100g
寿司醋（市售品）…2小匙
橄榄油…1/2小匙
生菜…2～3片
加工干酪…10g

调味酱

乌贼肉

[材料和做法]（1 人份）

平底锅内倒入1/2小匙橄榄油，放入蒜末（1/2瓣的量），炒出香味后，放入猪瘦肉70g中火炒熟。变色后，放入番茄酱、辣酱油各1/2大匙，五香粉、酱油各1小匙。用盐、胡椒粉各少量调味，炒到没有水分。

[提前准备]

Ⓐ乌贼肉做好备用。
Ⓑ牛油果去皮去核，切成1口大小。
Ⓒ番茄切成1口大小。
Ⓓ碗内倒入寿司醋和橄榄油混合，放入米饭，直接搅拌做成寿司饭备用。
Ⓔ生菜切细丝。
Ⓕ奶酪切成5mm的小块。

[装法]

1 梅森杯内装入Ⓐ的一半。
2 依次装入ⒷⒸⒹ和剩余的Ⓐ。
3 放上Ⓔ，撒上Ⓕ，盖上盖子。

米饭、面包、意大利面、米粉沙拉塑造易瘦体质!

建议早晨到中午摄入碳水化合物!

食用碳水化合物，会导致血糖值上升容易变胖，通过运动可以燃烧掉糖分。在早晨或中午等积极活动时间段食用，晚上控制摄入碳水化合物，形成易瘦体质。

适合搭配膳食纤维丰富的燕麦、糯米等杂粮

糙米自不必说，燕麦、糯米等未经精制的碳水化合物是瘦身最好的朋友。与精制大米相比，这些杂粮不仅热量更低，还富含矿物质、膳食纤维，以及有预防生活习惯病作用的多酚。

1914 kJ

古斯古斯豆类
茅屋奶酪沙拉

1639 kJ

恺撒沙拉

古斯古斯豆类茅屋奶酪沙拉

将古斯古斯直接放入梅森杯中泡发。

[保存期限] 冷藏2～3天

[材料]（500mL 梅森杯 1 个）

古斯古斯*…40g
热水…约70mL
薄荷…2大匙
胡萝卜…60g
鹰嘴豆（水煮）…60g
甜豆…70g
圣女果…1个（25g）
茅屋奶酪…60g
法式调味汁…下述的全量

[提前准备]

ⒶⒷ古斯古斯和薄荷取适量备用。
Ⓒ胡萝卜削皮后切成1cm的小块，用热水焯过，放入滤网内沥干水。
Ⓓ鹰嘴豆沥干水备用。
Ⓔ甜豆去除筋络，用热水焯过，沥干水后斜着切成2～3等份。
Ⓕ圣女果去蒂后切成8等份。
Ⓖ奶酪备用。

[装法]

1 梅森杯内装入Ⓐ，边一点点倒入热水边搅拌，静置10～15分钟使其变软。放凉后，倒入调味汁，放入撕碎的Ⓑ搅拌均匀。

2 依次装入ⒸⒹⒺ。

3 放上ⒻⒼ，根据喜好撒上辣椒粉，盖上盖子。

调味酱

法式调味汁

[材料和做法]（1 人份）

白葡萄酒醋1/2大匙，橄榄油2小匙，砂糖1/2小匙，盐1/3小匙，胡椒粉少量，以上材料全部放入碗内，搅拌均匀。

*古斯古斯是一种用小麦制成的，外形有点类似小米的食物。

恺撒沙拉

面包片用剩余的法棍做，超级简单。
调味汁内放入酸奶，降低了热量！

[保存期限] 冷藏1～2天

[材料]（480mL 梅森杯 1 个）

洋葱…30g
玉米（罐装）…3大匙
紫甘蓝…50g
煮鸡蛋…1个
生菜…1～2片
法棍…30g
绿叶…1片
卡芒贝尔奶酪…25g
恺撒调味汁…下述的全量

[提前准备]

Ⓐ洋葱切薄片。
Ⓑ玉米沥干水备用。
Ⓒ紫甘蓝切丝。
Ⓓ煮鸡蛋切成花瓣状的6等份。
Ⓔ生菜撕成方便食用的大小。
Ⓕ面包切成1cm厚的方便食用的大小，放入烤箱烤成焦黄色。
Ⓖ绿叶撕成方便食用的大小。
Ⓗ奶酪切成5等份。

[装法]

1 梅森杯内倒入调味汁，装入Ⓐ、Ⓑ。

2 依次装入ⒸⒹⒺⒻ。

3 放上Ⓖ，撒上Ⓗ，盖上盖子。

调味酱

恺撒调味汁

[材料和做法]（1 人份）

酸奶（半脂型）、原味酸奶、奶酪粉各1大匙，芥末、砂糖各1小匙，蒜末少量，盐1/4小匙，胡椒粉少量，以上材料全部放入碗内，搅拌均匀。

1935
kJ

螺旋意大利面沙拉

混合豆类和西蓝花增加体积！
使用彩色的意大利面，外观更漂亮。

[保存期限] 冷藏2～3天

[装法]

1 梅森杯内倒入调味汁，装入Ⓐ。
2 依次装入ⒷⒸⒹⒺⒻ。
3 放上Ⓖ，盖上盖子。

[材料]（480mL 梅森杯 1 个）

紫洋葱…30g
螺旋意大利面…40g
　橄榄油…1/3小匙
　混合豆类（水煮罐头）…50g
西蓝花…60g
火腿…3片
黄瓜…1/2根（50g）
煮鸡蛋…1/2个
酸奶调味汁…下述的全量

[提前准备]

Ⓐ紫洋葱切粗末。
Ⓑ意大利面根据包装袋上标注的时间煮熟，沥干水淋上橄榄油。
Ⓒ混合豆类沥干水备用。
Ⓓ西蓝花撕成小瓣，用热水焯过沥干水。
Ⓔ火腿切成5mm的小块。
Ⓕ黄瓜切薄片。
Ⓖ煮鸡蛋放在网眼较粗的滤网上压碎。

调味酱

酸奶调味汁

[材料和做法]（1人份）
酸奶（半脂型）、芥末各2小匙，盐1/4小匙，蜂蜜1/2小匙，原味酸奶（沥水、P24）20g，以上材料全部放入碗内，搅拌均匀。

1693 kJ

米粉沙拉

米粉煮熟后淋入椰子油，
这样不会粘到一起。
可以用芝麻油或者橄榄油代替椰子油。

[保存期限] 冷藏2～3天

[材料]（500mL 梅森杯 1 个）

米粉…50g
椰子油（P19）…1小匙
豆芽…80g
圣女果…4个
生菜…1～2片
虾（去壳）…6只
花生…10g
香菜…适量
米粉酱汁…下述的全量

[提前准备]

Ⓐ米粉用大量热水煮2～3分钟，放入滤网内，用冷水轻轻清洗后沥干水，倒入椰子油搅拌均匀。
Ⓑ豆芽用热水焯过，放入滤网内沥干水。
Ⓒ圣女果去蒂切成2等份。
Ⓓ生菜撕成方便食用的大小。
Ⓔ虾去壳后切开背部，取出虾线，在煮豆芽时放入锅内煮熟，沥干水。
Ⓕ花生切碎。
Ⓖ香菜切成方便食用的大小。

[装法]

1 梅森杯内倒入米粉酱汁，依次装入ⒶⒷ。
2 将Ⓒ装入，切口朝外可见。
3 装入Ⓓ，放上ⒺⒻⒼ，盖上盖子。

调味酱

米粉酱汁

[材料和做法]（1 人份）

甜辣酱1大匙，蜂蜜、柠檬汁各1小匙，鱼露2小匙，生姜末1小匙，鸡精（颗粒）1/3小匙，水2大匙，以上材料全部放入锅内煮开，放凉。

无油、调料制作！低热量调味汁2

无油

中华调味汁

75 kJ

[材料]（方便制作的量）

豆瓣酱…1小匙
牡蛎酱…1/2小匙
蒜末、生姜末…各1小匙
醋、酱油…各2大匙
砂糖…1大匙
白芝麻碎…2小匙

[做法]

碗内放入所有材料，搅拌均匀。

★适合海藻沙拉、粉丝沙拉。

无油

梅子调味汁

[材料]（方便制作的量）

梅干…2个
A 海带茶…1/2小匙
A 水…2大匙
A 醋…4小匙
A 面露（3倍浓缩）…1大匙
青紫苏粗末…2片的量

[做法]

梅干去核后用刀拍打，海带茶用水溶解，和A全部放入碗内搅拌均匀。放入青紫苏搅拌。

★适合萝卜沙拉、生鱼片沙拉、洋葱沙拉。

奇亚籽黑葡萄醋调味汁

[材料]（方便制作的量）

A 奇亚籽…1大匙
A 黑葡萄醋…2大匙
A 芥末…1小匙
A 酱油…1大匙
A 蜂蜜…1/2大匙
橄榄油…2小匙

[做法]

碗内放入A搅拌均匀。边一点点倒入橄榄油，边用打蛋器搅拌到黏稠。

★适合嫩菜叶沙拉、水果煮蔬菜沙拉。

88 kJ

民族风情调味汁

[材料]（方便制作的量）

橘皮酱、水…各2大匙
砂糖…2小匙
柠檬汁、鱼露…各1大匙
蒜末、生姜末、椰子油（P19）…各1小匙
红辣椒切末…2根的量

[做法]

碗内放入所有材料，搅拌均匀。

★适合牛油果海味沙拉、香菜沙拉。

除了不放入油脂的无油调味汁外，
下面介绍使用香料突出味道的香料调味汁。

★香料调味汁的热量以1大匙计。

韩式辣酱调味汁

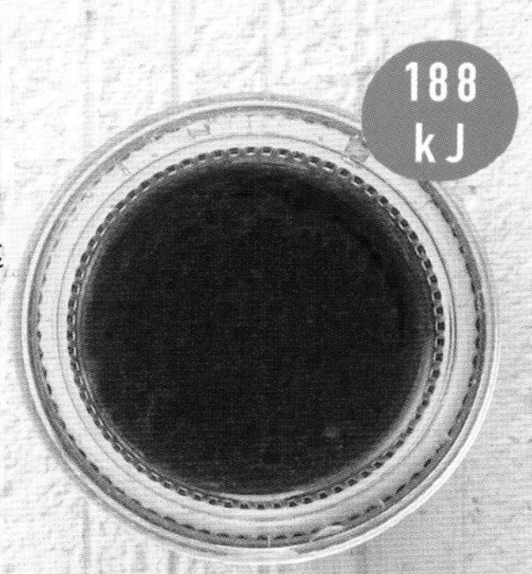

[材料]（方便制作的量）

辣酱、砂糖…各2小匙
白芝麻碎…1小匙
蒜末、七味粉…各1/2小匙
酱油、醋、芝麻油…各1大匙

[做法]

碗内放入所有材料，搅拌均匀。

★适合蔬菜沙拉、烤肉沙拉。

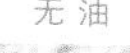

芥末调味汁

[材料]（方便制作的量）

芥末酱…1～1½小匙
A 砂糖…1小匙
A 醋…1½大匙
B 酱油…1½大匙
B 味啉…1/2大匙

[做法]

碗内放入芥末，边一点点放入A边搅拌，放入B，搅拌到顺滑。

★适合豆腐沙拉、牛油果金枪鱼沙拉。

罗勒调味汁

222
kJ

[材料]（方便制作的量）

罗勒酱（市售品）…2小匙
白葡萄酒醋汁、水…各1大匙
蒜末…1/2小匙
砂糖、奶酪粉…各1小匙
盐…少量
橄榄油…1½大匙

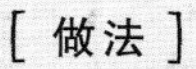

[做法]

碗内放入所有材料，搅拌均匀。

★适合罂粟粒沙拉、豆类沙拉、意大利面沙拉。

莳萝花生碎调味汁

[材料]（方便制作的量）

花生（切粗末）…20g
A 莳萝粉…1/2小匙
A 柠檬汁、醋…各1/2大匙
A 砂糖、蒜末…各1/2小匙
A 盐…少量
A 水、橄榄油（或者花生油）…各2小匙

[做法]

碗内放入所有材料，搅拌均匀。

★适合翠绿沙拉、水煮鸡肉沙拉。

Meat & Seafood

[肉、海鲜]

沙拉中放入肉或者海鲜，增加了蛋白质，营养更丰富！
食材非常健康，推荐给既想强身健体，又想自然瘦身的人食用。

1902 kJ

牛排蔬菜沙拉

烤蔬菜里放入煎好的牛排，做成满满一杯沙拉！
使用牛腿肉，热量更低。搭配芥末调味汁，非常清爽。

[保存期限] 冷藏2～3天

[**材料**]（480mL 梅森杯 1 个）

茄子…1根（80g）
甜豆…50g
南瓜…80g
水…约2小匙
橄榄油…1小匙
牛腿肉…120g
盐、胡椒粉…各少量
色拉油…1小匙
嫩菜叶…20g
芥末调味汁…下述的全量

调味酱

芥末调味汁

[**材料和做法**]（1人份）

白芝麻粉2小匙，芥末1小匙，醋2小匙，面露（3倍浓缩）2大匙，以上材料全部放入碗内，搅拌均匀。

[**提前准备**]

ⒶⒷⒸ茄子纵向切两半，斜着切薄片，甜豆去除筋络。南瓜切成1cm厚的片，盖上保鲜膜，放入600W微波炉加热1分钟。将煎牛肉的平底锅（提前准备Ⓓ）用厨房纸擦干净，倒入橄榄油加热，中火煎茄子和南瓜，煎出焦黄色后倒入水，放入甜豆盖上锅盖，焖2～3分钟。

Ⓓ牛肉从冰箱取出后，室温静置约20分钟，撒上盐、胡椒粉。平底锅中倒入色拉油加热，将牛排煎到两面上色后关火，盖上锅盖，静置5～7分钟，切成1口大小。

Ⓔ嫩菜叶洗好备用。

[**装法**]

1 梅森杯内倒入调味汁，依次装入ⒶⒷⒸ。

2 装入Ⓓ，放上Ⓔ，盖上盖子。

肉、海鲜沙拉塑造易瘦体质！

一个梅森杯满足所有营养！

虽然觉得只有蔬菜才会更健康，但是肉和海鲜能更积极地补充蛋白质。一餐就能满足所有营养，更容易消化吸收，十分健康。

瘦肉、白肉鱼、贝类等
脂肪较少的食材塑造易瘦体质！

肉类选择脂肪较少的瘦肉，海鲜选择白肉鱼。瘦肉有燃烧脂肪的效果，鳕鱼、贝类富含高蛋白，并且易于消化吸收，即使在瘦身期也可以放心食用。

1275 kJ

牛肉葱盐沙拉

将瘦肉放热水中焯一下，
可以煮出多余的油脂。
用芝麻油调成的香气四溢的葱盐调味汁，
适合搭配大量蔬菜一起食用。

[保存期限] 冷藏3～4天

[装法]

1 梅森杯内倒入调味汁，装入Ⓐ。

2 依次装入ⒷⒸⒹ。

3 放上Ⓔ，盖上盖子。

[材料]（480mL 梅森杯 1 个）

牛腿肉（火锅用）…70g
裙带菜（盐渍）…40g
芹菜…80g
黄瓜…1根（80g）
水菜…40g
葱盐调味汁…下述的全量

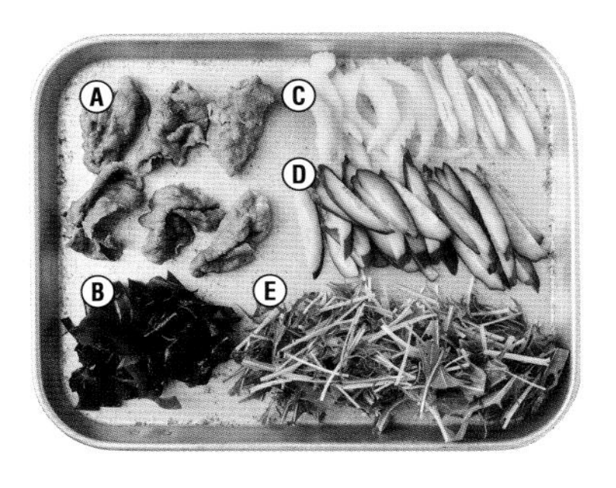

[提前准备]

Ⓐ牛肉用热水焯过，沥干水。
Ⓑ裙带菜用大量的水泡发，清洗后沥干水，切成方便食用的大小。
Ⓒ芹菜去除筋络，斜着切薄片。
Ⓓ黄瓜纵向切两半，斜着切薄片。
Ⓔ水菜切成4～5cm长的段。

调味酱

葱盐调味汁

[材料和做法]（1 人份）

葱切末1/3根，鸡精（颗粒）1/3小匙，芝麻油1大匙，砂糖1/2大匙，盐1/4小匙，醋1小匙，以上材料全部放入碗内，搅拌均匀。

1777
kJ

鸡胗蔬菜科布沙拉

硬脆的鸡胗，
非常适合搭配切成1口大小的蔬菜。
很有嚼劲，也很有饱腹感。

[材料]（480mL 梅森杯 1 个）

牛油果（净重）…70g
黄瓜…1根（100g）
番茄…1/2个（80g）
鸡胗…100g
Ⓐ 盐、胡椒粉…各少量
Ⓐ 莳萝粉…1/3小匙
橄榄油…1小匙
绿叶…1片
煮鸡蛋…1个
科布沙拉调味汁…下述的全量

[提前准备]

Ⓐ牛油果去皮和核，切成1口大小。
Ⓑ黄瓜切成1口大小的小块。
Ⓒ番茄切成1口大小的小块。
Ⓓ鸡胗去除硬皮撒上Ⓐ，平底锅倒入橄榄油加热，大火炒熟。
Ⓔ绿叶撕成方便食用的大小。
Ⓕ煮鸡蛋切成1口大小。

调味酱

科布沙拉调味汁

[材料和做法]（1人份）

蛋黄酱（半脂型）、原味酸味各1大匙，豆瓣酱1/2小匙，番茄泥1小匙，盐1小匙，以上材料全部放入碗内，搅拌均匀。

[保存期限] 冷藏3～4天

[装法]

1 梅森杯内倒入调味汁，装入Ⓐ。
2 依次装入ⒷⒸⒹ。
3 放上Ⓔ，撒上Ⓕ，盖上盖子。

1534 kJ

嫩煎旗鱼尼斯沙拉

番茄、马铃薯等大量蔬菜，
搭配凤尾鱼调味汁，
制成受欢迎的尼斯沙拉，
放入旗鱼让沙拉营养更丰富。

[保存期限] 冷藏3～4天

[装法]

1 梅森杯内倒入调味汁，依次装入ⒶⒷⒸ。

2 装入Ⓓ，切口朝外可见，放上Ⓔ。

3 放上Ⓕ，撒上Ⓖ，盖上盖子。

[材料]（480mL 梅森杯 1 个）

番茄…1/2个（80g）
马铃薯…120g
甜椒…1个（40g）
白蘑菇…3个（30g）
黑橄榄切片…20g
沙拉菜…1片
旗鱼肉…1片（80g）
香草盐（市售品）…1小匙
橄榄油…1小匙
凤尾鱼调味汁…下述的全量

[提前准备]

Ⓐ番茄切成1口大小。
Ⓑ马铃薯削皮后切成2cm的小块，用热水焯过沥干水。
Ⓒ甜椒纵向切两半，去蒂和籽，横向切细丝。
Ⓓ白蘑菇切薄片。
Ⓔ黑橄榄备用。
Ⓕ沙拉菜撕成方便食用的大小。
Ⓖ旗鱼切成2cm的小块，撒上香草盐，平底锅内倒入橄榄油加热，煎到两面焦黄。

调味酱

凤尾鱼调味汁

[材料和做法]（1 人份）

凤尾鱼2片切粗末，蒜末1/2小匙，橄榄油、芥末各1小匙，柠檬汁1大匙，盐、胡椒粉各少量，以上材料全部放入碗内，搅拌均匀。

[材料]（500mL 梅森杯 1 个）

西蓝花…100g

蟹味菇…1/2袋（50g）
杏鲍菇…大号1个（80g）

水芹…2～3根

贝柱…4个（120g）

蓝纹奶酪调味汁…下述的全量

[提前准备]

Ⓐ西蓝花撕成小朵，用热水焯过沥干水。
Ⓑ蟹味菇撕成小朵，杏鲍菇切两半再切薄片。和贝柱一起摆在锡纸上，用烤箱或者烤架烤成焦黄色。
Ⓒ水芹切成方便食用的大小。
Ⓓ贝柱和蘑菇一起烘烤。

调味酱

蓝纹奶酪调味汁

[材料和做法]（1 人份）

将蓝纹奶酪30g撕碎放入耐热容器，放入白葡萄酒1小匙，轻轻盖上保鲜膜，放入600W微波炉加热10～20秒，放入牛奶1大匙，白葡萄酒醋2小匙，盐、胡椒粉各少量，搅拌均匀。

1267 kJ

贝柱蘑菇西蓝花蓝纹奶酪调味汁沙拉

有益肠胃的贝柱，
加上有嚼劲的西蓝花，
与低热量带有甜味的煎蘑菇搭配非常合适！

[保存期限] 冷藏2～3天

[装法]

1 梅森杯内倒入调味汁，装入Ⓐ。

2 装入Ⓑ，放上Ⓒ，撒上Ⓓ，盖上盖子。

Fruits

[水果]

每天要摄入100g水果，
但是每天坚持比较困难，
建议放入沙拉中，这样就能养成每天食用的习惯。

961 kJ

橙子番茄
胡萝卜丝沙拉

1496 kJ

猕猴桃莓果
生火腿沙拉

橙子番茄
胡萝卜丝沙拉

受欢迎的胡萝卜丝，搭配酸酸的橙子味道更好。
调味汁中放入盐曲，
味道和香气更浓。

[保存期限] 冷藏3～4天

[材料] （480mL 梅森杯 1 个）

芹菜…50g
| 胡萝卜…150g
| 盐…1/4小匙
番茄…小号1个（120g）
橙子…1个
盐曲芥末调味汁…下述的全量

[提前准备]

Ⓐ芹菜去除筋络斜着切薄片，将柔软的叶子摘下备用。
Ⓑ胡萝卜削皮后切丝，用盐揉搓，变软后轻轻拧干。
Ⓒ番茄去蒂，切成15～16等份。
Ⓓ橙子削皮后取出果肉，拧干剩余的橙子皮，榨出橙汁。

[装法]

1 梅森杯内倒入调味汁，依次装入Ⓐ（除叶子外）ⒷⒸⒹ。

2 放上Ⓐ的叶子，盖上盖子。

调味酱

盐曲芥末调味汁

[材料和做法]（1 人份）

盐曲1大匙，醋或者柠檬汁、芥末、橄榄油各1/2大匙，胡椒粉少量，橙汁（提前准备Ⓓ），以上材料全部放入碗内，搅拌均匀。

猕猴桃莓果
生火腿沙拉

酸甜可口的水果沙拉！
外表鲜艳，推荐聚会时享用。

[保存期限] 冷藏2～3天

[材料] （480mL 梅森杯 1 个）

猕猴桃…小号2个（120g）
芦笋…（45g）
草莓…6个
嫩菜叶…10g
奶油奶酪…15g
蓝莓…20g
生火腿…4～6片
芥末调味汁…下述的全量

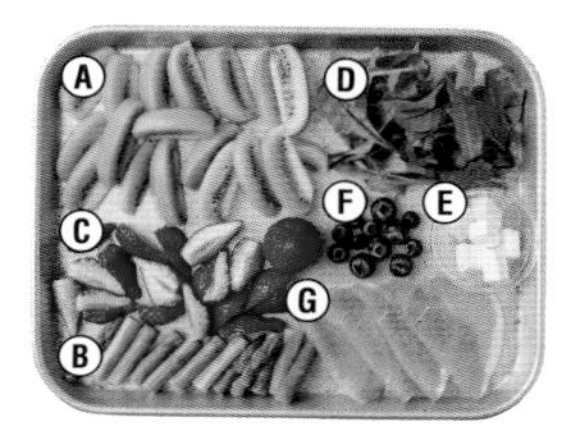

[提前准备]

Ⓐ猕猴桃削皮后，纵向切成6～8等分。
Ⓑ芦笋根部用削皮器削皮，再用热水煮熟沥干水，切成3～4等份。
Ⓒ草莓取1个作装饰，其余纵向切成4等份。
Ⓓ嫩菜叶备用。
Ⓔ奶油奶酪切成1cm的小块。
ⒻⒼ蓝莓和生火腿备用。

[装法]

1 梅森杯内倒入调味汁，依次装入ⒶⒷⒸ。

2 放上Ⓓ，撒上ⒺⒻⒼ和装饰用的Ⓒ，盖上盖子。
★也可以撒上适量粗粒黑胡椒装饰。

调味酱

芥末调味汁

[材料和做法]（1 人份）

芥末2小匙，苹果醋1大匙，砂糖2小匙，柠檬汁1/2大匙，盐、胡椒粉各少量，橄榄油1大匙，以上材料全部放入碗内，搅拌均匀。

水果沙拉塑造易瘦体质!

放入水果的沙拉
又漂亮，又能瘦身。

水果可以补充甜味和酸味，沙拉不用再放入多余的糖分。另外，水果沙拉中含有大量酵素，有抗氧化的作用，也可以美容。

1417 kJ

双色西柚
绿色沙拉

899 kJ

水果蔬菜泡菜

双色西柚绿色沙拉

双色西柚颜色更缤纷！
非常适合搭配同为柑橘科的橘子酱。

[保存期限] 冷藏3～4天

[材料] （480mL 梅森杯 1 个）

西柚（红、白）…各1/2个
黄瓜…1根（100g）
菠菜…1/2把
马苏里拉奶酪…40g
西蓝花嫩苗…1/2盒（10g）
橘子酱调味汁…下述的全量

[提前准备]

Ⓐ西柚削皮，从薄皮中取出果实。
Ⓑ黄瓜纵向切两半，斜着切薄片。
Ⓒ菠菜切成4cm长的段。
Ⓓ奶酪切成大块。
Ⓔ嫩苗撕成方便食用的大小。

[装法]

1 梅森杯内倒入调味汁，将Ⓐ按照红、白的顺序装入。

2 依次装入ⒷⒸ，放上ⒹⒺ，盖上盖子。

调味酱

橘子酱调味汁

[材料和做法]（1 人份）

橘子酱、白葡萄酒醋汁、橄榄油各1大匙，盐、胡椒粉各少量，以上材料全部放入碗内，搅拌均匀。

水果蔬菜泡菜

使用苹果醋做的泡菜汁，
非常适合搭配水果！
选择自己喜欢的腌渍食材吧。

[保存期限] 冷藏6～7天

[材料] （500mL 梅森杯 1 个）

小芜菁…1/2个
香蕉…1根
西柚…1/2个
圣女果…8个
猕猴桃…小号1个（80g）
泡菜汁…下述的全量

[提前准备]

Ⓐ小芜菁削皮后切成花瓣状的8等份。
Ⓑ香蕉削皮后，切成1口大小的圆片。
Ⓒ西柚削皮后切成1.5cm厚的三角形。
Ⓓ圣女果去蒂，用热水烫过剥皮。
Ⓔ猕猴桃削皮后切成1口大小。

[装法]

1 梅森杯内依次装入ⒶⒷⒸⒹⒺ。

2 倒入泡菜汁，盖上盖子，放入冰箱冷藏1晚，腌渍1周。

醋渍液

泡菜汁

[材料和做法]（1 人份）

水100mL，苹果醋1大匙，砂糖各2小匙，蜂蜜1小匙，以上材料全部放入小锅内，搅拌均匀，煮到沸腾后放凉。

COLUMN_3

用梅森杯制作！只需搅拌的沙拉

只需搅拌即可完成！可以作为常备菜放入冰箱冷藏备用。

1940 kJ

红薯南瓜苹果酸奶沙拉

推荐作为零食！

[保存期限] 冷藏4～5天

[材料] （500mL 梅森杯 1 个）

Ⓐ红薯80g，南瓜100g，苹果1/4个，奶油奶酪15g
Ⓑ原味酸奶（沥水，P24）2大匙，蜂蜜、柠檬汁各1小匙，盐、胡椒粉各少量
葡萄干1大匙，核桃（烘烤过）15g

1. 将Ⓐ洗净，带皮切成1口大小。放入耐热容器中，倒入约1大匙水，盖上保鲜膜，放入600W微波炉加热3分钟。上下翻面，继续加热2～3分钟。苹果带皮切成2cm小块。
2. 奶油奶酪放入耐热容器中，葡萄干加热约20秒。变软后放入Ⓐ，搅拌到顺滑。
3. 碗内放入2、Ⓑ、苹果、葡萄干、核桃碎，粗略搅拌，放入梅森杯内盖上盖子。

1839 kJ

燕麦大豆羊栖菜沙拉

生姜风味，营养满分。

[保存期限] 冷藏4～5天

[材料] （480mL 梅森杯 1 个）

牛蒡80g，四季豆4～5根，燕麦35g，蟹足棒6根，圣女果5个，大豆（水煮）50g，羊栖菜（泡发）50g
Ⓐ生姜末1小匙，砂糖、芝麻油各1/2小匙，酱油、蛋黄酱（半脂型）各1大匙，寿司醋（市售品）2小匙

1. 牛蒡洗净后纵向切两半，斜着切薄片。四季豆切1cm宽的段。
2. 燕麦用热水煮10～15分钟。在煮熟前的2～3分钟，放入1一起煮，沥干水。蟹足棒切两半，切粗丁，圣女果去蒂切成4等份。
3. 碗内放入Ⓐ搅拌均匀，放入2、大豆、羊栖菜粗略搅拌。放入梅森杯内盖上盖子。

1651 kJ

芋头马铃薯日式沙拉

调味的芥末成为点睛之笔。

[保存期限] 冷藏3～4天

[材料] （500mL 梅森杯 1 个）

芋头200g，藕100g，生菜2～3片，樱花虾5g，毛豆（净重）60g
Ⓐ蛋黄酱（半脂型）、白芝麻碎各2小匙，芥末1/3小匙，海带茶、味啉各1/2小匙，酱油1小匙，胡椒粉少量

1. 芋头洗净后切掉两端的顶和芽，放入锅内，倒入没过食材的水。中火加热，煮15～20分钟，竹扦能穿透就可以了。藕削皮后切成薄半圆片，用水焯过，生菜撕成1口大小。
2. 大碗内放入Ⓐ，搅拌均匀。
3. 芋头趁热削皮切成大块，放入2搅拌到黏稠。放入剩余的材料粗略搅拌，倒入梅森杯内盖上盖子。

PART 3

需求不同！
塑造易瘦体质的梅森杯沙拉

在PART3中，收录了应对不同身体状况的沙拉。有女性关心的美肤、抗衰老、祛寒、缓解压力和疲劳等不同效果的沙拉。考虑一下如今的身体状态，做出合适的沙拉来调理吧。

Staying Warm

Anti-Aging

Beautiful Skin

Stress Relief

Body Recovery

Beautiful Skin

[美肤]

1873 kJ

根菜羊栖菜
排毒沙拉

含有大量膳食纤维、分量十足的沙拉。
有缓解便秘的作用，
也能由内而外调节肌肤的状态。

[保存期限] 冷藏4～5天

[材料]（480mL 梅森杯 1 个）

羊栖菜（泡发）…60g
牛蒡…80g
胡萝卜…80g
藕…60g
鸭儿芹…1/2株（15g）
炸豆腐…1片
芝麻调味汁
…下述的全量

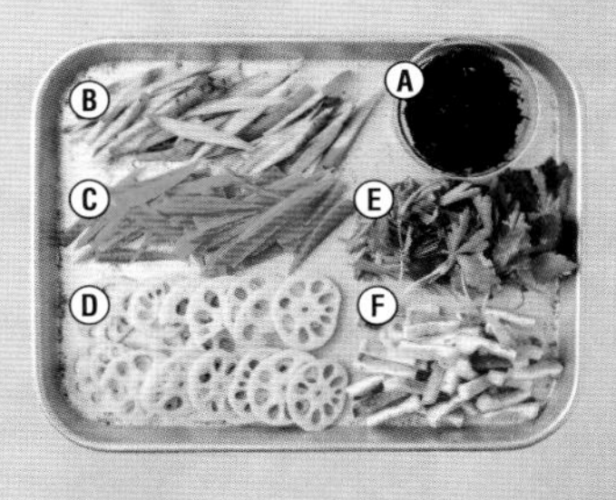

[提前准备]

Ⓐ羊栖菜备用。
ⒷⒸⒹ洗净的牛蒡和削皮的胡萝卜，削成略大的薄片，藕削皮后切成薄圆片（较大的话切成半圆片），各自用热水焯过，沥干水。
ⒺⒻ鸭儿芹切成方便食用的大小。平底锅内不倒入油，将豆腐煎到表面呈焦黄色，切细条。

[装法]

1. 梅森杯内倒入调味汁，装入Ⓐ。
2. 依次装入ⒷⒸⒹ。
3. 依次装入Ⓔ、Ⓕ，盖上盖子。

调味酱

芝麻调味汁

[材料和做法]（1 人份）

蛋黄酱（半脂型）、芝麻粉（白）、芝麻碎（白）各1大匙，芝麻油、砂糖各1小匙，酱油、醋各1/2大匙，盐少量，以上材料全部放入碗内，搅拌均匀。

鲑鱼含有“虾青素”，抗氧化效果绝佳！
甜椒、西蓝花含有形成胶原蛋白必备的维生素C。
下面推荐具有美肤作用的沙拉，
放入了含有大量预防肌肤老化的“番茄红素”的番茄。

1108 kJ

鲑鱼意式沙拉

受欢迎的彩色蔬菜和熏鲑鱼混合，
做成正宗的意式沙拉！
倒入盘内，搅拌均匀即可。

[保存期限] 冷藏2~3天

[材料]（480mL 梅森杯 1 个）

洋葱…30g
番茄…1个（160g）
黄瓜…1根（100g）
甜椒（黄）…1/3个（60g）
四季豆…5根
熏鲑鱼…40g
欧芹…适量
意式调味汁…下述的全量

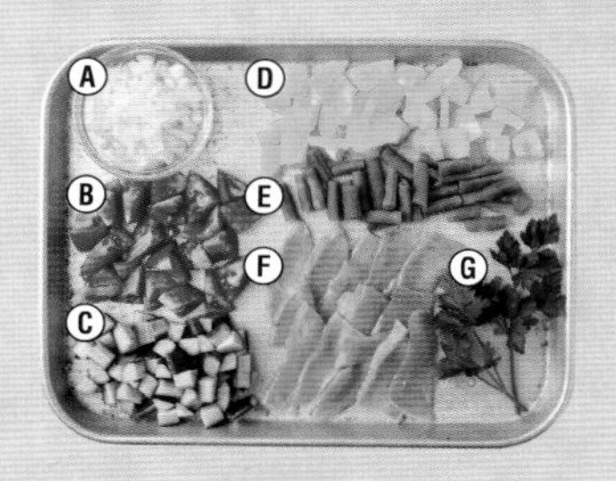

[提前准备]

ⒶⒷ洋葱切成5mm的小块，番茄去蒂切成1.5cm的小块。
ⒸⒹ黄瓜和甜椒切成1cm的小块。
Ⓔ四季豆用热水焯过沥干水，切成1.5cm长的段。
ⒻⒼ熏鲑鱼和欧芹备用。

[装法]

1 梅森杯内倒入调味汁，依次装入ⒶⒷ。
2 依次装入ⒸⒹ。
3 装入Ⓔ，放上ⒻⒼ，盖上盖子。

调味酱

意式调味汁

[材料和做法]（1 人份）

黑葡萄醋、橄榄油各1大匙，盐1/4小匙，胡椒粉少量，以上材料全部放入碗内，搅拌均匀。

番茄意大利面沙拉

这道沙拉含有丰富的番茄红素。

[保存期限] 冷藏1～2天

[材料]（480mL 梅森杯 1 个）

意大利面…40g，牛油果净重…40g，蟹味菇…1/2株（50g），西蓝花…60g，金枪鱼（水煮）…小号1罐（70g），番茄萨尔萨酱汁…下述的全量

[提前准备]

Ⓐ意大利面煮熟，要比包装袋标注的盐分略多一些，用水洗净完全沥干水。Ⓑ牛油果切成1口大小。ⒸⒹ蟹味菇去除根部撕开，西蓝花撕成小瓣，各自用热水焯过沥干水。Ⓔ金枪鱼沥去罐头汁。

[装法]

1 酱汁和Ⓐ混合，倒入梅森杯内。

2 依次装入ⒷⒸⒹ，放上Ⓔ，盖上盖子。

调味酱

番茄萨尔萨酱汁

[材料和做法]（1 人份）

番茄1个（120g）用热水烫过剥去皮，切成小块，切碎的凤尾鱼1片，酸豆1大匙，洋葱末1大匙，番茄酱、柠檬汁各2小匙，五香粉1/2小匙，橄榄油2小匙，以上材料全部放入碗内，搅拌均匀。

黄瓜鲑鱼罐头沙拉

裙带菜和萝卜的膳食纤维具有清胃润肠的效果。
对肌肤有益的鲑鱼，使用鲑鱼罐头制作更方便。

[保存期限] 冷藏2～3天

[材料]（500mL 梅森杯 1 个）

鲑鱼罐头（水煮）…大号1罐（180g），裙带菜（盐渍）…50g，萝卜…50g，水菜…50g，阳荷…1个，黄瓜调味汁…下述的全量

[提前准备]

Ⓐ鲑鱼轻轻沥去罐头汁。Ⓑ裙带菜用大量的水泡发，洗净后沥干水，切成方便食用的大小。Ⓒ萝卜削皮后切丝。Ⓓ水菜切成4cm长的段。Ⓔ阳荷切成小块。

[装法]

1 梅森杯内倒入调味汁，装入Ⓐ。

2 依次装入ⒷⒸ，放上ⒹⒺ，盖上盖子。

调味酱

黄瓜调味汁

[材料和做法]（1 人份）

黄瓜1根（100g）切末，芥末1小匙，寿司醋（市售）2大匙略多，酱油1小匙，以上材料全部放入碗内，搅拌均匀。

烤鲑鱼蔬菜沙拉

尽情享用烤架烤的鲑鱼和蔬菜吧。

[保存期限] 冷藏3~4天

[材料]（500mL 梅森杯 1 个）

葱…1根（80g），藕…100g，嫩玉米…4根，新鲜香菇…3朵，茼蒿…50g，生鲑鱼…1片（100g），生姜调味汁…下述的全量

[提前准备]

Ⓐ葱切3cm长的小段，用竹扦串起。ⒷⒸ藕切成7~8mm厚的半圆片，嫩玉米切两半。Ⓓ香菇备用。Ⓔ鲑鱼切成3~4等份。将Ⓐ~Ⓔ摆在烤架上，将两面烤至焦黄色。香菇去茎切成4等份。Ⓕ茼蒿摘下叶子。

[装法]

1 梅森杯内倒入调味汁，依次装入ⒶⒷⒸ。

2 装入ⒹⒺ，放上Ⓕ盖上盖子。

调味酱

生姜调味汁

[材料和做法]（1 人份）

生姜末1小匙，醋、芝麻油、酱油各2小匙，清汤颗粒1/5小匙，砂糖1小匙，红辣椒1根切段，以上材料全部放入碗内，搅拌均匀。

冻粉沙拉

使用纤维丰富的冻粉的美肤沙拉！

[保存期限] 冷藏4~5天

[材料]（480mL 梅森杯 1 个）

冻粉…10g，黄瓜…1根（100g），虾（带壳）…小号5只
🅐蒜末…1瓣量，芝麻油…1/2小匙
甜椒（红）…1/2个（80g），猪瘦肉…50g，木耳…3片，香菜…适量，鱼露调味汁…下述的全量

[提前准备]

Ⓐ冻粉切成4~6cm长的条，用大量的水浸泡约10分钟，沥干水。Ⓑ黄瓜切丝。Ⓔ虾去壳，切开背部取出虾线，平底锅放入🅐加热，放入虾中火炒熟。Ⓒ甜椒切薄片，用炒虾的平底锅炒熟取出。Ⓓ用炒甜椒的平底锅炒瘦肉，放入泡发切丝的木耳，炒匀。Ⓕ香菜备用。

[装法]

1 梅森杯内倒入调味汁，放入🅐搅拌均匀。

2 依次装入ⒷⒸⒹ，放上ⒺⒻ，盖上盖子。

调味酱

鱼露调味汁

[材料和做法]（1 人份）

柠檬汁、鱼露各1大匙，砂糖2小匙，鸡精（颗粒）1/4小匙，红辣椒1根切段，以上材料全部放入碗内，搅拌均匀。

Anti-Aging

[抗衰老]

1162 kJ

竹筴鱼干白菜柚子胡椒沙拉

这道清爽沙拉以含有维生素C的白菜为主。竹筴鱼等青背鱼的脂肪有抗衰老的效果。

[保存期限] 冷藏3～4天

[材料]（480mL 梅森杯 1 个）

白菜…3片（250g）
盐…1/4小匙
芹菜…50g
柴鱼花…1/2袋（2g）
竹筴鱼干…1条（100g）
鸭儿芹…1/2把（15g）
阳荷…1个
柚子胡椒粉调味汁
…下述的全量

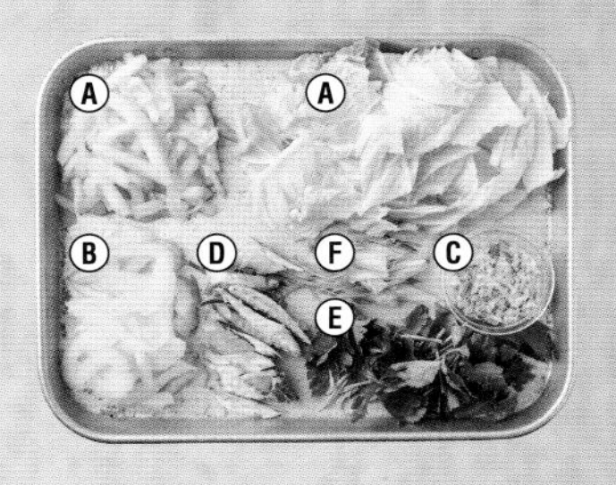

[提前准备]

Ⓐ白菜分为内芯和叶子。内芯切成3cm长的细丝，撒上盐用力揉搓，变软后用水洗净，挤干水。叶子切碎。
Ⓑ芹菜去除筋络，斜着切薄片。
Ⓒ柴鱼花备用。
Ⓓ竹筴鱼用烤架将两面烤至焦黄色，趁热去骨切粗丁。
ⒺⒻ鸭儿芹切成3～4cm长的段。阳荷纵向切两半，切细丝。

[装法]

1 梅森杯内倒入调味汁，放入Ⓐ的内芯。
2 依次装入ⒷⒸⒶ的叶子、Ⓓ。
3 依次放上ⒺⒻ，盖上盖子。

调味酱

柚子胡椒粉调味汁

[材料和做法]（1人份）
柚子胡椒粉1小匙，海带茶1/3小匙，酱油1小匙，色拉油、醋各2小匙，以上材料全部放入碗内，搅拌均匀。

纳豆、秋葵等发黏的食材，含有被称作“黏蛋白”的能保持湿润的物质。
豆腐含有对女性身体有益的大豆异黄酮，是抗衰老的最佳食材。
再加上美味的竹筴鱼或青花鱼等青背鱼，和蔬菜一起尽情享用吧。

1818 kJ

大豆番茄黄麻牛油果沙拉

“黄麻”是营养成分的宝库，
富含有抗氧化效果的胡萝卜素和其他多种维生素，
能预防衰老。

[保存期限] 冷藏3～4天

[材料]（480mL 梅森杯 1 个）

大豆（水煮）…80g
牛油果（净重）…60g
番茄…小号1个（120g）
黄麻…1/2袋（100g）
蟹味菇…1/2袋（50g）
葱白丝…适量
葱调味汁…下述的全量

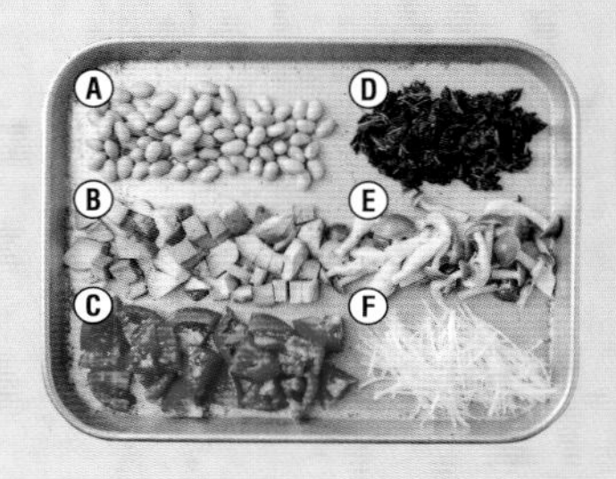

[提前准备]

Ⓐ大豆沥干水备用。
ⒷⒸⒹⒺ牛油果去种和皮，番茄去蒂各自切成1.5cm的小块。黄麻去掉粗茎，用热水焯1～2分钟放入滤网内，沥干水切成方便食用的大小。蟹味菇去除根部，撕成小瓣用热水焯过。
Ⓕ葱放入水中浸泡，沥干水。

[装法]

1 梅森杯内倒入调味汁，装入Ⓐ。
2 依次装入ⒷⒸⒹⒺ。
3 放上Ⓕ，盖上盖子。

调味酱

葱调味汁

[材料和做法]（1 人份）
葱末、酱油各1大匙，砂糖1/2大匙，芝麻油2小匙，醋1小匙，生姜末1/2小匙，以上材料全部放入碗内，搅拌均匀。

1668 kJ

海藻凉拌沙拉

豆腐富含美肤的营养成分。

[保存期限] 冷藏1～2天

[材料]（480mL 梅森杯 1 个）

嫩豆腐…1/2块（150g），小松菜…2株（60g），胡萝卜…50g，毛豆（净重）…50g，玉米（罐装）…2大匙，混合海藻（干燥）…5g，圣女果1个，芝麻调味汁…下述的全量

[提前准备]

Ⓐ豆腐用厨房纸包裹，轻轻沥干水，用手掰成大块。ⒷⒸ小松菜切成4cm长的段，胡萝卜切成4cm长的细丝，各自用热水焯过。ⒹⒺ毛豆备用，玉米沥干罐头汁。Ⓕ混合海藻用大量的水泡发约5分钟，洗净后沥干水。Ⓖ圣女果切成4等份。

[装法]

1. 梅森杯内倒入调味汁，装入Ⓐ。
2. 依次装入ⒷⒸⒹⒺⒻ，放上Ⓖ，盖上盖子。

调味酱

芝麻碎调味汁

[材料和做法]（1 人份）

芝麻碎（白）4小匙，酱油1小匙，寿司醋（市售品）2大匙，辣油1/3～1/2小匙，以上材料全部放入碗内，搅拌均匀。

1797 kJ

烤青花鱼甜辣沙拉

富含EPA、DHA的青花鱼和根菜混合制成。

[保存期限] 冷藏3～4天

[材料]（500mL 梅森杯 1 个）

洋葱…1/4个，牛蒡…60g，胡萝卜…60g，芝麻油…1/2大匙，青花鱼（去骨）…1片（80g），酒…2小匙，萝卜…80g，水菜…30g，醋…1小匙，炒白芝麻…1小匙，甜辣汁…下述的全量

[提前准备]

Ⓐ洋葱切薄片。Ⓑ牛蒡洗净后斜着切薄片，胡萝卜削皮后纵向切两半，斜着切薄片。锅内倒入芝麻油加热，放入牛蒡和胡萝卜用中火炒熟，炒出光泽后盖上锅盖，焖2～3分钟，倒入甜辣汁煮到黏稠。Ⓒ青花鱼切成1cm厚的段，洒上酒静置5～10分钟，沥去多余水分，用烤架烤到焦黄色。放入炒牛蒡和胡萝卜的锅中，淋上调味汁，只取出青花鱼。ⒹⒺ萝卜切成4cm长的细丝，水菜切成4cm长的段。

[装法]

1. 将ⒶⒷ连同汤汁一起倒入梅森杯内，倒入醋搅拌均匀。
2. 依次装入ⒹⒺ，放上Ⓒ，撒上芝麻盖上盖子。

酱汁

甜辣汁

[材料和做法]（1 人份）

酱油1⅓大匙，味啉、砂糖各1大匙，以上材料全部放入碗内，搅拌均匀。

1743 kJ

1296 kJ

纳豆炸弹沙拉

这道沙拉富含“黏蛋白”，能保持肌肤年轻。

[保存期限] 冷藏4～5天

[材料]（480mL 梅森杯 1 个）

裙带菜梗…2袋（60g），牛油果…1/2个，腌萝卜…50g，纳豆…1袋（40g），秋葵…6个，鸡胸肉…1大片（60g），芥末调味汁…下述的全量

[提前准备]

Ⓐ裙带菜梗备用。ⒷⒸ牛油果去皮和核，切成1cm的小块，腌萝卜切成5mm的小块。Ⓓ纳豆备用。Ⓔ秋葵用热水焯过切成小块。Ⓕ鸡胸肉放入锅内，倒入没过食材的热水，小火煮2～3分钟。关火静置放凉，散热后用手细细撕碎。

[装法]

1 梅森杯内倒入调味汁，装入Ⓐ。

2 依次装入ⒷⒸⒹⒺ，放上Ⓕ盖上盖子。

调味酱

芥末调味汁

[材料和做法]（1人份）

芥末2小匙，醋1大匙，面露（3倍浓缩型）5小匙，芝麻油1/2小匙，以上材料全部放入碗内，搅拌均匀。

炸豆腐和苦瓜什锦沙拉

苦瓜富含的奎宁蛋白，有提高免疫力的作用，也能预防衰老。

[保存期限] 冷藏3～4天

[材料]（500mL 梅森杯 1 个）

嫩玉米（水煮罐头）…5根，豆芽…120g，苦瓜…1/2根，盐…少量，炸豆腐…1/2片（100g），海苔碎…适量，洋葱调味汁…下述的全量

[提前准备]

Ⓐ嫩玉米沥去罐头汁。Ⓑ豆芽用热水焯过，沥干水。Ⓒ苦瓜纵向切两半，去蒂切薄片，用盐揉搓，用热水焯过沥干水。Ⓓ炸豆腐放入烤箱烤至焦黄色，纵向切两半，切成1cm厚的片。Ⓔ海苔备用。

[装法]

1 梅森杯内倒入调味汁，装入Ⓐ。

2 依次装入ⒷⒸⒹⒺ，盖上盖子。

调味酱

洋葱调味汁

[材料和做法]（1人份）

洋葱末1大匙，芝麻油、色拉油、醋各1小匙，酱油1大匙，砂糖1小匙略少，以上材料全部放入碗内，搅拌均匀。

Staying warm

[祛寒]

999 kJ

萝卜山药
海带日式生姜沙拉

放入大量具有祛寒效果的生姜调味汁，
搭配各种日式食材制成的沙拉。

[保存期限] 冷藏2～3天

[材料]（480mL 梅森杯 1 个）

山药…80g
海带丝（干燥）…10g
黄瓜…1根（100g）
萝卜…40g
生菜…1～2片
煮章鱼足…60g
萝卜苗…1/4袋（10g）
日式生姜调味汁…下述的全量

[提前准备]

Ⓐ山药削皮后纵向切两半，放入保鲜袋。用擀面棒敲打，拍成方便食用的大小。
Ⓑ海带丝用水泡发，切成方便食用的大小，用热水焯过沥干水。
ⒸⒹⒺ黄瓜用刀拍打，拍成方便食用的大小。萝卜削皮，和生菜一起切丝。
ⒻⒼ章鱼切成1口大小，萝卜苗切掉根部。

[装法]

1 梅森杯内倒入调味汁，装入Ⓐ。
2 装入Ⓑ，依次装入ⒸⒹⒺ。
3 装入Ⓕ，放上Ⓖ盖上盖子。

调味酱

日式生姜调味汁

[材料和做法]（1 人份）

生姜末1大匙，醋2小匙，色拉油1/2大匙，酱油2小匙，砂糖1小匙，味啉1/2小匙，以上材料全部放入碗内，搅拌均匀。

对怕冷的人来说，沙拉的调味更为关键！
最好选择有保暖效果的生姜和泡菜等发酵食品，
还可以大量使用咖喱粉等有发汗作用的香料。

1137 kJ

猪肉泡菜沙拉

泡菜等发酵食品对身体有益，
泡菜中的辛辣成分能够使身体变暖，可适量食用。
这道沙拉将猪肉和青梗菜、豆芽放入同一个锅内煮，
制作非常方便。

[保存期限] 冷藏3～4天

[材料]（500mL 梅森杯 1 个）

猪肉片…60～70g
青梗菜…1株（100g）
辣白菜…50g
豆芽…100g
黄瓜…1根（100g）
莴苣叶…1片
日式调味汁
…下述的全量

[提前准备]

Ⓐ猪肉用热水煮到变色，放入滤网内沥干水。
ⒷⒸ青梗菜分成叶子和茎。叶子切碎，茎纵向切成6等份，用热水焯过沥干水。如果辣白菜较大，切成方便食用的大小。
ⒹⒺ豆芽用热水焯过，沥干水。黄瓜切细丝。
Ⓕ莴苣叶撕成方便食用的大小。

[装法]

1 梅森杯内倒入调味汁，装入Ⓐ。
2 装入ⒷⒸ，继续装入ⒹⒺ，放上Ⓕ盖上盖子。

调味酱

日式调味汁

[材料和做法]（1人份）

蒜末、生姜末各1/2小匙，醋、芝麻油、酱油各2小匙，味啉1/2小匙，以上材料全部放入碗内，搅拌均匀。

1542 kJ

蛤蜊大力水手沙拉

菠菜含有大量铁，
可促进血液循环让身体温暖。

[保存期限] 冷藏4～5天

[材料]（480mL 梅森杯 1 个）

玉米（罐头）…70g，菠菜…1/2把，杏鲍菇小号…2个（100g），色拉油…1小匙，大蒜末…1/2瓣量，蛤蜊（水煮罐头）…100g，胡萝卜…20g，杏仁片…适量，奶酪粉…2小匙，洋葱调味汁…下述的全量

[提前准备]

Ⓐ玉米沥去罐头汁。Ⓑ菠菜用热水焯过沥干水，切成3～4cm长的段，然后挤干水。Ⓒ杏鲍菇纵向切两半，斜着切薄片。平底锅倒入色拉油和蒜末加热，放入杏鲍菇和沥去罐头汁的蛤蜊一起用中火炒熟。Ⓓ胡萝卜削皮后切丝。Ⓔ杏仁片放入平底锅炒好。Ⓕ奶酪粉备用。

[装法]

1. 梅森杯内倒入调味汁，装入Ⓐ。
2. 依次装入ⒷⒸⒹ。
3. 装入Ⓔ撒上Ⓕ，盖上盖子。

调味酱

洋葱调味汁

[材料和做法]（1 人份）

洋葱1/6个切末，酱油1大匙，醋2小匙，橄榄油1/2大匙，以上材料全部放入碗内，搅拌均匀。

1547 kJ

咖喱鸡肝沙拉

鸡肝沙拉中放入西梅！
让富含铁质的沙拉变得更清爽。

[保存期限] 冷藏4～5天

[材料]（480mL 梅森杯 1 个）

洋葱…1/3个，西梅干（无籽）…2个，鸡肝…100g，咖喱粉…2小匙，色拉油…2小匙，鲜香菇…3～4个，灰树花…60g，甜椒（红）…1/2个（80g），嫩菜叶…20g，腌渍调味汁…下述的全量

[提前准备]

Ⓐ洋葱切薄片。Ⓑ西梅干撕成小块。Ⓒ鸡肝切成1口大小，用厨房纸擦去多余的水分，撒上咖喱粉。平底锅内倒入色拉油加热，放入鸡肝，中火煎到焦黄色取出。Ⓓ香菇切成4等份，灰树花撕成小朵，放入炒鸡肝的平底锅中炒熟。Ⓔ甜椒切细丝。Ⓕ嫩菜叶备用。

[装法]

1. 梅森杯内倒入调味汁，装入Ⓐ，撒上Ⓑ。
2. 依次装入ⒸⒹⒺ，放上Ⓕ，盖上盖子。

调味酱

腌渍调味汁

[材料和做法]（1 人份）

黑葡萄醋1大匙，红葡萄酒醋汁2小匙，砂糖1/2小匙，盐1/3小匙，胡椒粉少量，月桂叶1小片，以上材料全部放入碗内，搅拌均匀。

1584 kJ

冬阴功米粉沙拉

放入大量有发汗作用香料的酱汁，
能够享用大量蔬菜和米粉的沙拉。

[保存期限] 冷藏1～2天

[材料] （480mL 梅森杯 1 个）

紫洋葱…50g，米粉…40g，西葫芦…60g，豆芽…100g，番茄…1/2个（80g），虾（带壳）…4条，大蒜切末…1/2瓣，色拉油…1小匙，鱼露…1/2小匙，香菜…2根，冬阴功酱汁…下述的全量

[提前准备]

Ⓐ紫洋葱切薄片。Ⓑ米粉用大量的热水煮2～3分钟，沥干水。ⒸⒹ西葫芦切细丝，用热水焯过取出，豆芽煮熟后沥干水。Ⓔ番茄去蒂切薄片。Ⓕ虾去壳切开背部，取出虾线。平底锅内倒入色拉油和蒜末加热，放入虾，倒入鱼露搅拌，关火。Ⓖ香菜备用。

[装法]

1 梅森杯内倒入酱汁，装入Ⓐ。

2 依次装入ⒷⒸⒹⒺ，放上ⒻⒼ，盖上盖子。

酱汁

冬阴功酱汁

[材料和做法]（1人份）

冬阴功酱（市售品）2～3小匙，椰奶2大匙，鱼露1/2小匙，蜂蜜1小匙，以上材料全部倒入锅内，煮开后放凉。

1513 kJ

川味米线沙拉

豆瓣酱的辛辣和生姜的温热，
使祛寒效果加倍！

[保存期限] 冷藏2～3天

[材料] （480mL 梅森杯 1 个）

胡萝卜…50g，乌贼…1小块（100g），米线…40g，黄瓜…1根（100g），荷兰豆…6根

🅐芝麻油…1小匙，豆瓣酱…1/2小匙

🅑生姜末…1小匙，酱油…1大匙，酒、水…各1大匙，砂糖、醋…各1小匙，盐…少量

[提前准备]

Ⓐ胡萝卜削皮后切成5～6cm长的细丝，平底锅内放入🅐，小火加热，炒出香味后放入🅑中火加热，放入胡萝卜煮到沸腾。Ⓑ米线倒入没过食材的热水中，泡发约3分钟，沥干水，切成方便食用的长度。Ⓒ黄瓜切5～6cm长的细丝。Ⓓ乌贼去除内脏，乌贼足切成方便食用的大小，乌贼的身体切片。放入炒萝卜的平底锅中炒熟，变色后取出关火。Ⓔ荷兰豆用热水焯过，沥干水，斜着切细丝。

[装法]

1 梅森杯内倒入Ⓐ，装入Ⓑ。

2 装入ⒸⒹ，放上Ⓔ，盖上盖子。

Stress Relief

[舒缓压力]

1450 kJ

嫩煎金枪鱼海鲜盖饭沙拉

金枪鱼含有的维生素B_6，有安眠作用。
这是一款具有夏威夷风味的人气菜品海鲜盖饭风格的沙拉，尽情享用吧。

[保存期限] 冷藏3～4天

[材料]（480mL 梅森杯 1 个）

紫洋葱…1/4个
牛油果（净重）70g
柠檬汁…1小匙
番茄…小号1个（120g）
黄瓜…1根（100g）
金枪鱼（赤身）…80g
Ⓐ 酱油…1小匙
Ⓐ 味啉…1/2小匙
Ⓐ 芝麻油…1/3小匙
嫩菜叶…10g
蔬菜脆片（市售品）…适量
海鲜盖饭调味汁
…下述的全量

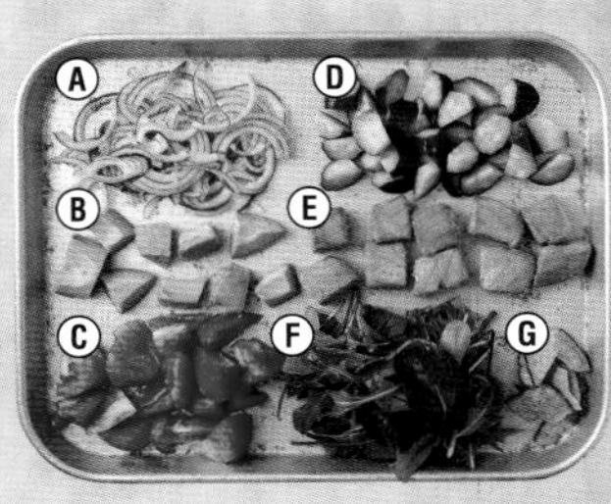

[提前准备]

Ⓐ紫洋葱切薄片。
ⒷⒸⒹ牛油果去皮和核，切成1.5cm的小块，淋上柠檬汁。番茄去蒂，和黄瓜一起切成1口大小。
Ⓔ金枪鱼切成1.5cm的小块，将Ⓐ倒入碗内搅拌均匀，放入金枪鱼揉搓，静置约10分钟。平底锅内不倒油，将金枪鱼放入煎至焦黄色。
ⒻⒼ嫩菜叶和蔬菜脆片备用。

[装法]

1 梅森杯内倒入调味汁，装入Ⓐ。
2 依次装入ⒷⒸⒹ，放上Ⓔ。
3 放上ⒻⒼ，盖上盖子。

调味酱

海鲜盖饭调味汁

[材料和做法]（1人份）

酱油2小匙，蜂蜜1/2小匙，炒芝麻（白）、芝麻油各1小匙，盐少量，以上材料全部放入碗内，搅拌均匀。

褪黑素被称作“睡眠激素”，有安眠的作用，也能缓解压力。
增加此类食物有助于缓解压力。
下面介绍使用大豆制品和金枪鱼的沙拉，
含有能产生褪黑素的色氨酸和维生素B_6。

1542 kJ

马铃薯菜花 毛豆鳕鱼子沙拉

鳕鱼子和毛豆，能缓解体内聚积的压力。
酱汁黏稠，
食用时将沙拉从梅森杯中倒出充分搅拌即可。

[保存期限] 冷藏2～3天

[材料]（480mL 梅森杯 1 个）

菜花…100g
马铃薯…150g
藕…100g
毛豆（净重）…50g
水菜…20g
鳕鱼子酱汁
…下述的全量

[提前准备]

Ⓐ菜花掰成小朵，用热水焯过。
Ⓑ马铃薯削皮，切成3cm的小块放入锅内，倒入没过食材的水，大火加热。沸腾后中火加热，煮5～6分钟，煮到柔软。倒出汤汁，再次中火加热，边晃动锅边做成马铃薯泥。
ⒸⒹ藕削皮后切成薄半圆片，用热水焯过沥干水。毛豆备用。
Ⓔ水菜切成方便食用的大小。

[装法]

1 梅森杯内倒入酱汁，装入Ⓐ。
2 依次装入ⒷⒸⒹ。
3 放上Ⓔ，盖上盖子。

鳕鱼子酱汁

[材料和做法]（1 人份）
鳕鱼子30g撕下薄皮捣碎，蛋黄酱（半脂型）1大匙，面露（3倍浓缩型）2小匙，以上材料全部放入碗内，搅拌均匀。

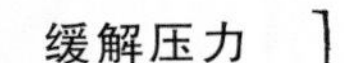

1986 kJ

发芽糙米芙蓉蟹沙拉

这是一款使用发芽的糙米制成的沙拉饭，营养满分又有缓解压力的效果。

[保存期限] 冷藏2～3天

[材料]（500mL 梅森杯 1 个）

糙米饭…130g，青梗菜…1大株（120g），蛋…1个，蟹肉罐头…1小罐（55g），葱白丝…适量，甜醋汁…下述的全量
🅐酱油、醋…各1小匙，芝麻…1/2小匙，生姜末…1小匙
🅑小洋葱切小块…30g，盐、胡椒粉…各少量，芝麻…1小匙

[提前准备]

Ⓐ碗内倒入🅐搅拌均匀，放入糙米饭搅拌均匀。Ⓑ青梗菜纵向切成6等份，用热水焯过沥干水，切成方便食用的大小。Ⓒ鸡蛋打散，放入沥去罐头汁的蟹肉，再放入🅑，搅拌均匀。平底锅内倒入芝麻油加热，全部倒入搅拌均匀，小火炒到半熟，翻面后煎1～2分钟取出。Ⓓ葱用水浸泡，沥干水。

[装法]

1 梅森杯内装入Ⓐ。
2 依次装入ⒷⒸ，淋上酱汁。
3 放上Ⓓ，根据喜好撒上适量的七味粉，盖上盖子。

酱汁

甜醋汁

[材料和做法]（1人份）

炒芙蓉蟹的平底锅（提前准备Ⓒ）内，放入番茄1/2个切瓣，番茄酱1大匙，醋、酒各1大匙，盐、胡椒粉各少量，边捣碎番茄边煮熟。

1856 kJ

蘑菇奶酪意大利面白酱沙拉

低热量的蘑菇，增加分量感。瘦身期也可以没有压力地食用。

[保存期限] 冷藏1～2天

[材料]（500mL 梅森杯 1 个）

意大利面…40g，蟹味菇、灰树花、金针菇、新鲜香菇混合…200g，培根…1片，橄榄油…1小匙，嫩菜叶…2～3片，鹌鹑蛋（水煮）…2个
🅐橄榄油…1/2小匙，胡椒粉…少量
🅑奶酪粉、牛奶…各2大匙，蒜末…1/2小匙

[提前准备]

Ⓐ意大利面按照包装袋标注的时间煮熟，用水清洗后沥干水，放入🅐搅拌均匀。Ⓑ蘑菇去除根部，将蟹味菇和灰树花撕成小朵，金针菇切两半撕碎。香菇切薄片。培根切成1cm宽的条，平底锅内倒入橄榄油，放入培根轻炒，再放入蘑菇炒软。关火后，趁热放入混合的🅑搅拌到黏稠。Ⓒ嫩菜叶备用。Ⓓ鹌鹑蛋纵向切两半。

[装法]

1 梅森杯内依次装入ⒶⒷ。
2 放上Ⓒ和Ⓓ，盖上盖子。

1969 kJ

什锦沙拉

大豆制品有安眠的作用，
可助你一夜熟睡。

[保存期限] 冷藏3～4天

[材料]（480mL 梅森杯 1 个）

牛蒡…60g，豆芽…120g，四季豆…60g，豆腐丸子…3～4个（60g），甜椒（红）…1/3个（60g），鹌鹑蛋（水煮）…3～4个，花生酱汁…下述的全量

[提前准备]

Ⓐ牛蒡洗净斜着切薄片，用热水焯过沥干水。ⒷⒸ豆芽、四季豆用热水焯过沥干水，四季豆斜着切丝。Ⓓ豆腐丸子放入烤箱烤到焦黄色，切两半。ⒺⒻ甜椒切细丝，鹌鹑蛋横向切两半。

[装法]

1 梅森杯内倒入调味汁，放入Ⓐ搅拌均匀。

2 依次装入ⒷⒸⒹ。

3 依次装入ⒺⒻ，盖上盖子。

酱汁

花生酱汁

[材料和做法]（1 人份）

花生黄油1/2大匙，醋、鱼露各2小匙，砂糖1/2小匙，水1/2大匙，卡宴辣椒粉或者五香粉少量，蒜末1小匙，以上材料全部放入碗内，搅拌均匀。

1254 kJ

炸鲣鱼沙拉

高蛋白、低热量的鲣鱼，
有缓和压力的作用。

[保存期限] 冷藏4～5天

[材料]（480mL 梅森杯 1 个）

洋葱…50g，胡萝卜…50g，裙带菜（盐渍）…40g，生菜…3～4片，鲣鱼…100g，玉米淀粉…适量，樱桃萝卜…2个，炸油，香菇调味汁…下述的全量

Ⓐ酱油、味啉…各1小匙，蒜末…1/2小匙

[提前准备]

ⒶⒷ洋葱切薄片，胡萝卜削皮后切丝。Ⓒ裙带菜用大量的水泡发，洗净后沥干水，切成方便食用的大小。Ⓓ生菜撕成方便食用的大小。Ⓔ鲣鱼切1cm厚的段，放入混合均匀的Ⓐ腌渍约15分钟，轻轻沥干汤汁，撒上玉米淀粉。平底锅内倒入2cm深的油，摆上鲣鱼炸熟，炸到两面焦黄后取出，沥干油。Ⓕ樱桃萝卜切薄圆片。

[装法]

1 梅森杯内倒入调味汁，依次装入ⒶⒷ。

2 依次装入ⒸⒹ，放上ⒺⒻ，盖上盖子。

调味酱

香菇调味汁

[材料和做法]（1 人份）

香菇干切末3g，醋1大匙，酱油1小匙，芝麻油、牡蛎汁、砂糖各1/2小匙，以上材料全部放入碗内，搅拌均匀。

Body Recovery

[消除疲劳]

1062 kJ

芦笋番茄鸡肉丸子沙拉

针对身体疲劳的人，
推荐食用含有天冬酰胺的芦笋！
只需煮熟，就可以尽情享用啦。

[保存期限] 冷藏4～5天

[材料]（480mL 梅森杯 1 个）

蟹味菇…1/2袋（50g）
番茄…小号1个（120g）
豆芽…120g
芦笋…60g
鸡胸肉…80g
Ⓐ 蒜末…1/2小匙
盐、胡椒粉…各少量
Ⓑ 鱼露…1小匙略少
洋葱末…1大匙
红辣椒段…1/2根
色拉油…1小匙
香菜…2～3根
橙醋调味汁…下述的全量

[提前准备]

Ⓐ蟹味菇去除根部，撕成小朵，用热水焯过沥干水。
ⒷⒸ番茄去蒂，切成瓣状。豆芽用热水焯过沥干水。
Ⓓ芦笋下半部分用削皮器削皮，切3cm长的段，用热水焯过沥干水，分为茎和穗尖。
Ⓔ鸡胸肉放入碗内，放入Ⓐ搅拌到黏稠。放入Ⓑ搅拌均匀，分成3～4等份做成丸子。平底锅内倒入色拉油加热，放入丸子，将两面煎到焦黄后盖上锅盖，焖2～3分钟。
Ⓕ香菜切成方便食用的大小。

[装法]

1. 梅森杯内倒入调味汁，装入Ⓐ。
2. 依次装入ⒷⒸⒹ的茎。
3. 放上Ⓓ的穗尖和Ⓔ，撒上Ⓕ，盖上盖子。

调味酱

橙醋调味汁

[材料和做法]（1人份）
橙醋酱油2大匙，鱼露、橄榄油各1小匙，以上材料全部放入碗内，搅拌均匀。

除了章鱼的“牛磺酸”、芦笋的“天冬酰胺”，
猪肉的“维生素B_6”等，也有形成能量的作用。
鸡胸肉富含受人瞩目的成分“咪唑二肽”，
有提高恢复能力的作用。

章鱼煮葱醋味噌沙拉

章鱼含有的牛磺酸，
有缓解疲劳的作用！
据说对解除宿醉也有效果。

[保存期限] 冷藏2～3天

[材料]（480mL 梅森杯 1 个）

魔芋…60g
葱…1根
裙带菜（盐渍）…40g
小松菜…3株（70g）
黄瓜…1根
盐…少量
煮章鱼足…80g
醋味噌调味汁…下述的全量

[提前准备]

Ⓐ魔芋备用。
ⒷⒸⒹⒺ葱切成5cm长的段煮熟，沥干水后纵向切两半。裙带菜用大量的水泡发，洗净后沥干水，切成方便食用的大小。小松菜用热水焯过，切成3～4cm长的段，挤干水。黄瓜切小块，撒上盐，待黄瓜变软后挤干水。
Ⓕ章鱼切小块。

[装法]

1. 梅森杯内倒入调味汁，装入Ⓐ。
2. 依次装入ⒷⒸⒹⒺ。
3. 放上Ⓕ，盖上盖子。

调味酱

醋味噌调味汁

[材料和做法]（1人份）

醋1大匙，白味噌2大匙，芥末1/2小匙，色拉油1/2大匙，砂糖2小匙，以上材料全部放入碗内，搅拌均匀。

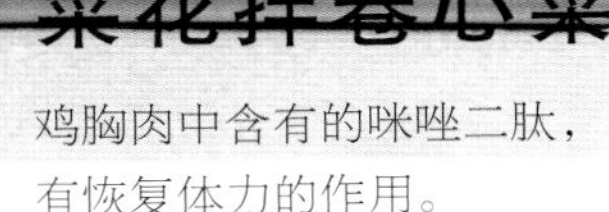

1547 kJ

豆腐黏稠沙拉

将营养价值高的黏稠食材组合在一起，做成一款应对苦夏的沙拉。

[保存期限] 冷藏2～3天

[材料]（480mL 梅森杯 1 个）

裙带菜梗…小号2袋（60g），山药…100g，秋葵…6根，嫩豆腐…1/3块（100g），小鱼干…15g，芝麻油…1大匙，青紫苏叶…4～5片，阳荷…1个，炒芝麻（白）…1/2小匙，葱汁…下述的全量

[提前准备]

Ⓐ裙带菜梗备用。ⒷⒸ山药削皮后切丝，秋葵用热水煮熟，斜着切薄片。Ⓓ豆腐用厨房纸拭去水，切成1口大小。Ⓔ平底锅倒入油加热，放入小鱼干，煎至焦黄。ⒻⒼ青紫苏叶切丝，生姜切薄片。Ⓗ芝麻备用。

[装法]

1. 梅森杯内倒入汤汁，装入Ⓐ。
2. 依次装入ⒷⒸⒹ，连油一起倒入滚烫的Ⓔ。
3. 放上ⒻⒼ，撒上Ⓗ，盖上盖子。

酱汁

葱汁

[材料和做法]（1 人份）

醋、酱油各1大匙，砂糖1/2大匙，味啉1小匙，清汤颗粒1/3小匙，葱末1大匙，以上材料全部放入碗内，搅拌均匀。

1346 kJ

菜花拌卷心菜沙拉

鸡胸肉中含有的咪唑二肽，有恢复体力的作用。

[保存期限] 冷藏4～5天

[材料]（500mL 梅森杯 1 个）

胡萝卜…50g，芹菜…1/2根，卷心菜…2片（120g），盐、砂糖…各1/3小匙，羊栖菜（泡发）…40g，玉米（罐头）…3大匙，鸡胸肉（去皮）…1/2片（100g），盐、胡椒粉…各少量，酒…1大匙，凉拌汁…下述的全量

[提前准备]

ⒶⒷ胡萝卜削皮，芹菜去筋，一起切丝。Ⓒ卷心菜去芯切细丝，撒上盐和砂糖揉搓，沥干水后轻轻挤干。ⒹⒺ羊栖菜和玉米备用。Ⓕ鸡肉用盐、胡椒粉揉搓，淋上酒，放入锅内，倒入没过食材的水，用中火加热。煮开后煮3～4分钟，盖上锅盖继续静置，放凉后将鸡肉撕成丝。

[装法]

1. 梅森杯倒入调味汁，依次装入ⒶⒷ。
2. 依次装入ⒸⒹⒺⒻ，盖上盖子。

调味酱

凉拌汁

[材料和做法]（1 人份）

蛋黄酱（半脂型）、原味酸奶各1大匙，橄榄油1/2大匙，柠檬汁、蜂蜜各1小匙，盐、胡椒粉各少量，以上材料全部放入碗内，搅拌均匀。

猪肉粉丝榨菜沙拉

猪肉中富含的维生素B_1，是能力之源，
疲劳时可以多食用一些。

[保存期限] 冷藏3～4天

[材料]（480mL 梅森杯 1 个）

粉丝…25g，黄瓜…1根（100g），豆芽…100g，混合海藻（干燥）…5g，榨菜…40g，猪肉片…70g，芝麻汁…下述的全量

[提前准备]

Ⓐ粉丝用热水煮2～3分钟，用滤网捞出放凉水中浸泡清洗，沥干水后切成方便食用的长度。ⒷⒸ黄瓜切细丝。豆芽用热水焯过，沥干水。Ⓓ混合海藻用大量的水泡发约10分钟，沥干水。Ⓔ榨菜切细丝。Ⓕ猪肉用热水焯过，变色后用滤网捞出沥干水。

[装法]

1 梅森杯内倒入调味汁，装入Ⓐ。

2 依次装入ⒷⒸⒹⒺ。

3 放上Ⓕ，盖上盖子。

酱汁

芝麻汁

[材料和做法]（1人份）

芝麻粉（白）2大匙，砂糖1小匙，醋、酱油各1大匙，芝麻油1小匙，辣油1/3小匙，以上材料全部放入碗内，搅拌均匀。

鳗鱼沙拉

烤鳗鱼搭配韭菜，
想要振奋精神时最适合食用的沙拉。

[保存期限] 冷藏4～5天

[材料]（480mL 梅森杯 1 个）

卷心菜…2～3片（200g），豆芽…120g，韭菜…1/3把（30g），烤鳗鱼（市售品）…1/2串（60g），洋葱调味汁…下述的全量

[提前准备]

ⒶⒷ卷心菜切细丝，和豆芽一起用热水焯过，捞出沥干水。Ⓒ韭菜切3～4cm长的段，用热水煮30～40秒，沥干水。Ⓓ鳗鱼切1cm宽的段。

[装法]

1 梅森杯内倒入调味汁，依次装入ⒶⒷ。

2 依次装入ⒸⒹ，根据喜好撒上适量的花椒粉，盖上盖子。

调味酱

洋葱调味汁

[材料和做法]（1人份）

洋葱末1大匙，芝麻油、色拉油、醋各1小匙，酱油1大匙，砂糖1小匙略少，以上材料全部放入碗内，搅拌均匀。

COLUMN_4

用汤匙食用！梅森杯甜点

1200 kJ

草莓利口酒提拉米苏

这道甜点用草莓搭配君度橙酒和蜂蜜，
制作的关键是要腌出果汁！

[保存期限] 冷藏2～3天

[材料]（250mL 瓶子 2 个）

草莓…6个
Ⓐ君度橙酒、蜂蜜…各1小匙
海绵蛋糕（市售品）…80g
速溶咖啡…1小匙
热水…2大匙
奶油
马斯卡彭奶酪…70g
Ⓑ原味酸奶、糖粉…各2大匙
香草精…少量

★马斯卡彭奶酪室温静置变软。

[做法]

1 草莓去蒂，取1个用来装饰，剩余的草莓切成4等份，放入碗内，放入Ⓐ慢慢搅拌。盖上保鲜膜，放入冰箱冷藏约1小时。

2 海绵蛋糕切成1口大小，等量放入两个梅森杯内，用热水溶解速溶咖啡粉，等量倒入两个梅森杯内。

3 另取一碗放入奶酪，用打蛋器搅拌到顺滑。放入Ⓑ搅拌，放入香草精。

4 将1的草莓连汁等量放入2的两个梅森杯内。再分别等量放上3的奶油，1的装饰用草莓纵向切薄片，分放到两个梅森杯上，根据喜好撒上适量的可可粉。

用梅森杯做甜点，简单方便。
梅森杯可以密闭，携带方便，
推荐使用比做沙拉小一些的梅森杯。

389
kJ

混合莓果果冻

使用石榴汁制作，一次可以享用3种莓果的果冻。

[保存期限] 冷藏3～4天

[材料] （245mL 瓶子 4 个）

石榴汁（100%果汁）…250mL
吉利丁粉…5g

果冻液
蓝莓和覆盆子等喜欢的莓果酱…6大匙
黑葡萄醋、白葡萄酒…各2小匙
水…2大匙

蓝莓…100g
覆盆子…80g
草莓…8颗

[做法]

1 锅内倒入石榴汁，中火加热。趁热关火，撒上吉利丁粉，边用打蛋器搅拌边使其溶解。放凉后倒入方盘内，盖上保鲜膜，放入冰箱冷藏1～2小时凝固。

2 小锅内倒入果冻液的材料，边用硅胶刮刀搅拌边中火加热。煮到咕嘟咕嘟沸腾后关火，放凉后倒入保存容器中，放入冰箱冷藏。

3 草莓去蒂，纵向切两半，将1切成1口大小。所有材料等量随意地堆在梅森杯内，淋上2。

794 kJ

柠檬糖水果酸奶

用酸奶腌渍的棉花糖，软糯的口感非常不可思议，
和香甜清爽的柠檬糖十分相配。

[保存期限] 冷藏3～4天

[材料] （250mL 瓶子 2 个）

苹果…1/4个
橙子…1/2个
菠萝…40g
原味酸奶…200g
棉花糖…40g

柠檬糖
柠檬皮屑…1/2个量
薄荷叶碎…5g
砂糖…4小匙

[做法]

1 苹果去芯，带皮切成1cm厚的瓣状。橙子削皮后取出果肉，菠萝切成方便食用的大小。

2 碗内放入酸奶、1、棉花糖，轻轻搅拌。等量放入两个梅森杯内，放入冰箱冷藏2小时以上。

3 将柠檬糖的材料搅拌均匀，等量淋上2。
★也可以将柠檬糖的材料用蒜臼捣碎搅拌。

832 kJ

马其顿水果杏仁豆腐

各种水果淋上放入洋酒的糖浆做成马其顿水果，
与使用杏仁精做成的杏仁豆腐十分搭配。

[保存期限] 冷藏3～4天

[材料]（245mL 瓶子 2 个）

杏仁豆腐
- Ⓐ 水…70mL
- Ⓐ 砂糖…20g
- 吉利丁粉…5g
- Ⓑ 炼乳…100mL
- Ⓑ 牛奶…120mL
- Ⓑ 杏仁精…1/2小匙

猕猴桃、草莓、橙子混合…100g
Ⓒ 蜂蜜、柠檬汁…各1小匙
利口酒…2小匙

[做法]

1. 锅内倒入Ⓐ，中火煮到溶化，关火撒入吉利丁粉，边用打蛋器搅拌边使其溶化。放凉后放入Ⓑ搅拌，边用滤网过滤边等量倒入两个梅森杯内，放入冰箱冷藏2小时以上使之凝固。
2. 水果去蒂和皮，切成5mm小块放入碗内。放入Ⓒ，根据喜好放入桂花陈酒（一种用白葡萄酒和丹桂花做的中国酒）等利口酒2小匙，搅拌均匀，放入冰箱冷藏2～3小时。
3. 将2连汁一起等量放入1的两个梅森杯内。

图书在版编目（CIP）数据

梅森杯沙拉 /（日）金丸绘里加著 ; 周小燕译 . --
石家庄 : 河北科学技术出版社 , 2018.4
ISBN 978-7-5375-9469-1

Ⅰ . ①梅… Ⅱ . ①金… ②周… Ⅲ . ①减肥—沙拉—菜谱 Ⅳ . ① TS972.118

中国版本图书馆 CIP 数据核字 (2018) 第 012626 号

梅森杯沙拉
〔日〕金丸绘里加　著　　周小燕　译

策划制作：北京书锦缘咨询有限公司（www.booklink.com.cn）
总 策 划：陈　庆
策　　划：邵嘉瑜
责任编辑：刘建鑫
设计制作：柯秀翠

出版发行　河北科学技术出版社
地　　址　石家庄市友谊北大街 330 号（邮编：050061）
印　　刷　北京瑞禾彩色印刷有限公司
经　　销　全国新华书店
成品尺寸　210mm × 260mm
印　　张　5
字　　数　63 千字
版　　次　2018 年 4 月第 1 版
　　　　　2018 年 4 月第 1 次印刷
定　　价　39.80 元